2021

中国林草资源及生态状况

国家林业和草原局

中国林业出版社

图书在版编目（CIP）数据

2021中国林草资源及生态状况 / 国家林业和草原局编 . — 北京 : 中国林业出版社 , 2022.9

ISBN 978-7-5219-1619-5

Ⅰ . ① 2… Ⅱ . ①国… Ⅲ . ①森林生态系统 – 建设 – 中国 – 2021 ②草原生态系统 – 建设 – 中国 – 2021 Ⅳ . ① S718.55 ② S812.29

中国版本图书馆 CIP 数据核字（2022）第 051079 号

审图号: GS（2022）2685号

策划、责任编辑：李　敏

电　　话:（010）83143575

出版发行　中国林业出版社
　　　　　（100009　北京西城区刘海胡同 7 号）

网　　址　http://www.forestry.gov.cn/lycb.html
制　　版　北京美光设计制版有限公司
印　　刷　河北京平诚乾印刷有限公司
版　　次　2022 年 9 月第 1 版
印　　次　2022 年 9 月第 1 次印刷
开　　本　889mm×1194mm　1/16
印　　张　4.75
字　　数　101 千字
定　　价　85.00 元

前　言

森林、草原、湿地是人类赖以生存和发展的自然资源，是确保国土安澜的生态根基，是陆地生态空间的主体和生态系统最大的碳库。新时代，围绕建设天蓝地绿水清的美丽中国，把保护生态环境、坚持绿色低碳发展作为基本国策，践行绿水青山就是金山银山理念，统筹山水林田湖草沙系统治理，尊重自然、顺应自然、保护自然，持续开展国土科学绿化，积极推进林草生态系统保护修复，不懈坚持沙化土地治理和荒漠植被保护，林草质量功能稳步提高，碳汇能力逐年提升，生态状况持续向好，生态产品供给能力不断增强，林草资源步入高质量发展阶段。

为准确掌握中国林草资源及其生态状况，客观评价林草生态保护修复成效，2021年国家林业和草原局以第三次全国国土调查数据为统一底版，整合森林、草原、湿地等各类监测资源，创新技术方法，拓展评价内容，开展了国家林草生态综合监测评价工作，建立林草资源数据库，形成涵盖空间位置、管理属性、自然要素、资源特征等信息的林草资源图，产出国家与地方相衔接的林草资源"一套数"。

结果显示，中国森林面积2.31亿公顷，森林覆盖率24.02%。活立木总蓄积量220.43亿立方米，森林蓄积量194.93亿立方米。草原综合植被盖度50.32%，鲜草总产量5.95亿吨。林草植被总碳储量114.43亿吨，林草湿生态系统年涵养水源8038.53亿立方米、年固碳量3.49亿吨、年释氧量9.34亿吨、年固土量117.20亿吨、年保肥量7.72亿吨、年吸收大气污染物量0.75亿吨、年滞尘量102.57亿吨、年植被养分固持量0.49亿吨。林草生态系统呈现健康状况向好、质量逐步提升、功能稳步增强的发展态势。

国家主席习近平出席第七十六届联合国大会一般性辩论并发表重要讲话时承诺"中国将力争2030年前实现碳达峰、2060年前实现碳中和"，中国生态文明建设步入了以降碳为战略方向，促进经济社会发展全面绿色转型，实现生态环境质量改善由量变到质变的关键时期。林业和草原工作应坚持山水林田湖草沙系统治理理念，尊重自然、顺应自然、保护自然，加强林草生态系统保护修复，科学植树种草，强化经营管理，扩大林草面积，提升林草质量，增加林草碳汇，为建设美丽中国做出新贡献。

国家林业和草原局根据林草生态综合监测评价结果，编制了《2021中国林草资源及生态状况》，系统介绍中国林草资源的数量、结构、分布，以及林草生态系统的格局、质量、功能，为生态保护修复和高质量发展提供依据，为山水林田湖草沙系统治理提供参考，为增进国际国内社会了解中国林草生态建设成就提供窗口。

编者

2022年9月

目　录

D 林草资源保护发展状况

E 附　录

林草资源状况

林草资源状况

一、总体状况①

　　中国林草资源丰富，林地、草地、湿地总面积6.05亿公顷。林草覆盖面积5.29亿公顷，林草覆盖率55.11%。林草植被总生物量234.86亿吨，总碳储量114.43亿吨，年碳汇量12.80亿吨。森林面积2.31亿公顷、居世界第五位，森林覆盖率24.02%。森林蓄积量194.93亿立方米、居世界第六位。天然林面积1.43亿公顷、居世界第五位，人工林面积0.88亿公顷、居世界第一位。草地面积2.65亿公顷、居世界第二位，草原综合植被盖度50.32%，鲜草总产量5.95亿吨。湿地面积0.56亿公顷、居世界第四位。

二、森林资源

（一）各类林地面积

　　林地面积28412.59万公顷，占国土面积的29.60%。其中，乔木林地19591.94万公顷，竹林地752.70万公顷，灌木林地5523.83万公顷，疏林地、未成林地、苗圃地、迹地等其他林地2544.12万公顷。林地各地类面积构成见图1-1。

（二）各类林木储量

　　活立木蓄积量215.41亿立方米，其中森林蓄积量189.91亿立方米；林木总生物量218.86亿吨，其中森林生物量189.55亿吨；林木总碳储量107.23亿吨，其中森林碳储量92.87亿吨。

---

① 由于台湾省、香港和澳门特别行政区林草资源分项数据暂缺，除本节的森林面积、森林覆盖率、森林蓄积量、天然林和人工林面积含台湾省、香港和澳门特别行政区数据外，其余指标及后续数据均不含台湾省、香港和澳门特别行政区的数据。

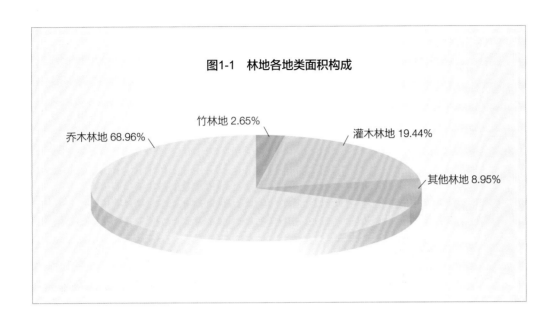

图1-1　林地各地类面积构成

（三）各类森林数量

　　森林面积22841.06万公顷，森林蓄积量1899077.40万立方米。森林面积中，乔木林[1]19986.51万公顷、占87.50%，竹林[2]756.27万公顷、占3.31%，国家特别规定的灌木林（简称"特灌林"，下同）2098.28万公顷、占9.19%。

　　乔木林面积19986.51万公顷，蓄积量1899077.40万立方米。按龄组分，幼龄林6404.55万公顷、占32.05%，中龄林6330.01万公顷、占31.67%，近熟林、成熟林和过熟林（简称"近成过熟林"）合计7251.95万公顷、占36.28%。乔木林各龄组面积蓄积量见表1-1。

表1-1　乔木林各龄组面积蓄积量

龄组	面积（万公顷）	面积占比（%）	蓄积量（万立方米）	蓄积量占比（%）
合计	19986.51	100.00	1899077.40	100.00
幼龄林	6404.55	32.05	277126.65	14.59
中龄林	6330.01	31.67	565385.75	29.77
近熟林	3128.48	15.65	374836.72	19.74
成熟林	2805.70	14.04	422001.08	22.22
过熟林	1317.77	6.59	259727.20	13.68

----

[1] 统计口径为林地范围内的乔木林；园地范围内的木本油料、工业原料、干果等经济用途的乔木林；森林沼泽范围内的乔木林；建设用地范围内的乔木林。

[2] 统计口径为林地范围内的竹林和建设用地范围内的竹林。

分优势树种（组）的乔木林面积，排名居前10位的分别为栎树林、杉木林、落叶松林、桦木林、马尾松林、杨树林、桉树林、云杉林、云南松林、冷杉林，面积合计8757.20万公顷、占乔木林面积的43.83%，蓄积量合计893357.72万立方米、占乔木林蓄积量的47.05%。乔木林主要优势树种（组）面积蓄积量见表1-2。

表1-2 乔木林主要优势树种（组）面积蓄积量

树种组	面积（万公顷）	面积占比（%）	蓄积量（万立方米）	蓄积量占比（%）
合计	8757.20	43.83	893357.72	47.05
栎树林	1790.64	8.96	151166.35	7.96
杉木林	1240.27	6.21	113667.90	5.99
落叶松林	1101.42	5.51	115973.26	6.11
桦木林	1021.64	5.11	92497.48	4.87
马尾松林	828.50	4.15	64663.95	3.41
杨树林	805.37	4.03	57204.44	3.01
桉树林	569.36	2.85	26486.08	1.39
云杉林	499.63	2.50	91397.48	4.81
云南松林	487.25	2.44	52379.62	2.76
冷杉林	413.12	2.07	127921.16	6.74

（四）森林资源构成

1. 天然林和人工林

森林面积中，天然林14081.29万公顷、占61.65%，人工林8759.77万公顷、占38.35%。森林蓄积量中，天然林1437703.18万立方米、占75.71%，人工林461374.22万立方米、占24.29%。

（1）天然林

天然林面积14081.29万公顷。其中，乔木林12301.58万公顷、占87.36%，竹林375.82万公顷、占2.67%，特灌林1403.89万公顷、占9.97%。天然林蓄积量1437703.18万立方米，每公顷蓄积量116.87立方米。

天然林面积中，国有林占55.50%，集体林占44.50%；公益林占72.11%，商品林占27.89%。天然林蓄积量中，国有林占66.48%，集体林占33.52%；公益林占73.62%，商品林占26.38%。天然林分权属和森林类别面积蓄积量见表1-3。

表1-3 天然林分权属和森林类别面积蓄积量

类型	面积（万公顷）	面积占比（%）	蓄积量（万立方米）	蓄积量占比（%）
合计	14081.29	100.00	1437703.18	100.00
国有林	7814.93	55.50	955828.24	66.48
集体林	6266.36	44.50	481874.94	33.52
公益林	10154.12	72.11	1058507.56	73.62
商品林	3927.17	27.89	379195.62	26.38

天然乔木林中，中幼龄林面积占57.99%，蓄积量占39.76%。天然乔木林各龄组面积蓄积量见表1-4。

表1-4 天然乔木林各龄组面积蓄积量

龄组	面积（万公顷）	面积占比（%）	蓄积量（万立方米）	蓄积量占比（%）
合计	12301.58	100.00	1437703.18	100.00
幼龄林	3257.52	26.48	172738.36	12.01
中龄林	3876.42	31.51	398996.55	27.75
近熟林	2120.62	17.24	293875.60	20.44
成熟林	1995.16	16.22	338957.08	23.58
过熟林	1051.86	8.55	233135.59	16.22

分优势树种（组）的天然乔木林面积，排名前10位的分别为栎树林、桦木林、落叶松林、云杉林、冷杉林、云南松林、马尾松林、杉木林、柏木林、高山松林，面积合计占全国的43.84%，蓄积量合计占全国的47.32%。

（2）人工林

人工林面积8759.77万公顷。其中，乔木林7684.93万公顷、占87.73%，竹林380.45万公顷、占4.34%，特灌林694.39万公顷、占7.93%。人工林蓄积量461374.22万立方米，每公顷蓄积量60.04立方米。

人工林面积中，国有林占15.58%，集体林占84.42%；公益林占38.52%，商品林占61.48%。人工林蓄积量中，国有林占21.07%，集体林占78.93%；公益林占34.46%，商品林占65.54%。人工林分权属和森林类别面积蓄积量见表1-5。

表1-5 人工林分权属和森林类别面积蓄积量

类型	面积（万公顷）	面积占比（%）	蓄积量（万立方米）	蓄积量占比（%）
合计	8759.77	100.00	461374.22	100.00
国有林	1364.94	15.58	97194.77	21.07
集体林	7394.83	84.42	364179.45	78.93
公益林	3374.46	38.52	158987.21	34.46
商品林	5385.31	61.48	302387.01	65.54

人工乔木林中，中幼龄林面积占72.88%，蓄积量占58.69%。人工乔木林各龄组面积蓄积量见表1-6。

表1-6 人工乔木林各龄组面积蓄积量

龄组	面积（万公顷）	面积占比（%）	蓄积量（万立方米）	蓄积量占比（%）
合计	7684.93	100.00	461374.22	100.00
幼龄林	3147.03	40.95	104388.29	22.63
中龄林	2453.59	31.93	166389.20	36.06
近熟林	1007.86	13.11	80961.12	17.55
成熟林	810.54	10.55	83044.00	18.00
过熟林	265.91	3.46	26591.61	5.76

分优势树种（组）的人工乔木林面积，排名居前10位的分别为杉木林、杨树林、桉树林、马尾松林、落叶松林、柏木林、刺槐林、油松林、云南松林、湿地松林，面积合计占全国的50.79%，蓄积量合计占全国的56.74%。

2. 国有林和集体林

森林面积中，国有林面积9179.87万公顷、占40.19%，集体林面积13661.19万公顷、占59.81%。森林蓄积量中，国有林蓄积量1053023.01万立方米、占55.45%，集体林蓄积量846054.39万立方米、占44.55%。

（1）国有林

国有林面积9179.87万公顷。其中，乔木林8002.60万公顷、占87.18%，竹林45.90万公顷、占0.50%，特灌林1131.37万公顷、占12.32%。国有林蓄积量1053023.01万立方米，每公顷蓄积量131.59立方米。

国有林面积中，天然林占85.13%，人工林占14.87%；公益林占79.47%，商品林占20.53%。国有林蓄积量中，天然林占90.77%，人工林占9.23%；公益林占79.30%，商品林占20.70%。国有林分起源和森林类别面积蓄积量见表1-7。

表1-7　国有林分起源和森林类别面积蓄积量

类型	面积（万公顷）	面积占比（%）	蓄积量（万立方米）	蓄积量占比（%）
合计	9179.87	100.00	1053023.01	100.00
天然林	7814.93	85.13	955828.24	90.77
人工林	1364.94	14.87	97194.77	9.23
公益林	7295.46	79.47	835027.45	79.30
商品林	1884.41	20.53	217995.56	20.70

国有乔木林中，中幼龄林面积占46.69%、蓄积量占30.99%。国有乔木林各龄组面积蓄积量见表1-8。

分优势树种（组）的国有乔木林面积，排名居前10位的分别为落叶松林、桦木林、栎树林、云杉林、冷杉林、杨树林、高山松林、云南松林、柏木林、杉木林，面积合计占全国的53.29%，蓄积量合计占全国的55.09%。

表1-8　国有乔木林各龄组面积蓄积量

龄组	面积（万公顷）	面积占比（%）	蓄积量（万立方米）	蓄积量占比（%）
合计	8002.60	100.00	1053023.01	100.00
幼龄林	1281.92	16.02	69167.41	6.57
中龄林	2454.68	30.67	257176.89	24.42
近熟林	1630.54	20.38	227572.53	21.61
成熟林	1698.29	21.22	293526.77	27.88
过熟林	937.17	11.71	205579.41	19.52

（2）集体林

集体林面积13661.19万公顷。其中，乔木林11983.91万公顷、占87.72%，竹林710.37万公顷、占5.20%，特灌林966.91万公顷、占7.08%。集体林蓄积量846054.39万立方米，每公顷蓄积量70.60立方米。

集体林面积中，天然林占45.87%，人工林占54.13%；公益林占45.63%，商品林占54.37%。集体林蓄积量中，天然林占56.96%，人工林占43.04%；公益林占45.21%，商品林占54.79%。集体林分起源和森林类别面积蓄积量见表1-9。

表1-9　集体林分起源和森林类别面积蓄积量

类型	面积（万公顷）	面积占比（%）	蓄积量（万立方米）	蓄积量占比（%）
合计	13661.19	100.00	846054.39	100.00
天然林	6266.36	45.87	481874.94	56.96
人工林	7394.83	54.13	364179.45	43.04
公益林	6233.12	45.63	382467.32	45.21
商品林	7428.07	54.37	463587.07	54.79

集体乔木林中，中幼龄林面积占75.08%，蓄积量占61.01%。集体乔木林各龄组面积蓄积量见表1-10。

表1-10　集体乔木林各龄组面积蓄积量

龄组	面积（万公顷）	面积占比（%）	蓄积量（万立方米）	蓄积量占比（%）
合计	11983.91	100.00	846054.39	100.00
幼龄林	5122.63	42.74	207959.24	24.58
中龄林	3875.33	32.34	308208.86	36.43
近熟林	1497.94	12.50	147264.19	17.41
成熟林	1107.41	9.24	128474.31	15.18
过熟林	380.60	3.18	54147.79	6.40

分优势树种（组）的集体乔木林面积，排名居前10位的分别为杉木林、栎树林、马尾松林、杨树林、桉树林、云南松林、柏木林、油松林、刺槐林和落叶松林，面积合计占全国的43.37%，蓄积量合计占全国的41.44%。

3. 公益林与商品林

森林面积中，公益林13528.58万公顷、占59.23%，商品林9312.48万公顷、占40.77%。森林蓄积量中，公益林1217494.77万立方米、占64.11%，商品林681582.63万立方米、占35.89%。

（1）公益林

公益林面积13528.58万公顷。其中，乔木林11471.91万公顷、占84.80%，竹林245.99万公顷、占1.82%，特灌林1810.68万公顷、占13.38%。公益林蓄积量1217494.77万立方米，每公顷蓄积量106.13立方米。

公益林面积中，天然林占75.06%，人工林占24.94%；国有林占53.93%，集体林占46.07%。公益林蓄积量中，天然林占86.94%，人工林占13.06%；国有林占68.59%，集体林占31.41%。公益林分起源和权属面积蓄积量见表1-11。

表1-11 公益林分起源和权属面积蓄积量

类型	面积（万公顷）	面积占比（%）	蓄积量（万立方米）	蓄积量占比（%）
合计	13528.58	100.00	1217494.77	100.00
天然林	10154.12	75.06	1058507.56	86.94
人工林	3374.46	24.94	158987.21	13.06
国有林	7295.46	53.93	835027.45	68.59
集体林	6233.12	46.07	382467.32	31.41

乔木公益林中，中幼龄林面积占57.64%、蓄积量占37.33%。乔木公益林各龄组面积蓄积量见表1-12。

表1-12 乔木公益林各龄组面积蓄积量

龄组	面积（万公顷）	面积占比（%）	蓄积量（万立方米）	蓄积量占比（%）
合计	11471.91	100.00	1217494.77	100.00
幼龄林	3137.22	27.35	136847.94	11.24
中龄林	3475.61	30.29	317595.60	26.09
近熟林	1924.60	16.78	242331.68	19.90
成熟林	1906.65	16.62	306013.44	25.13
过熟林	1027.83	8.96	214706.11	17.64

分优势树种（组）的乔木公益林面积，排名居前10位的分别为栎树林、桦木林、落叶松林、云杉林、杨树林、冷杉林、马尾松林、杉木林、云南松林、柏木林，面积合计占全国的44.86%，蓄积量合计占全国的48.59%。

（2）商品林

商品林面积9312.48万公顷。其中，乔木林8514.60万公顷、占91.43%，竹林510.28万公顷、占5.48%，特灌林287.60万公顷、占3.09%。商品林蓄积量681582.63万立方米，每公顷蓄积量80.05立方米。

商品林面积中，天然林占42.17%，人工林占57.83%；国有林占20.24%，集体林占79.76%。商品林蓄积量中，天然林占55.63%，人工林占44.37%；国有林占31.98%，集体林占68.02%。商品林分起源和权属面积蓄积量见表1-13。

表1-13　商品林分起源和权属面积蓄积量

类型	面积（万公顷）	面积占比（%）	蓄积量（万立方米）	蓄积量占比（%）
合计	9312.48	100.00	681582.63	100.00
天然林	3927.17	42.17	379195.62	55.63
人工林	5385.31	57.83	302387.01	44.37
国有林	1884.41	20.24	217995.56	31.98
集体林	7428.07	79.76	463587.07	68.02

乔木商品林中，中幼龄林面积占71.89%，蓄积量占56.94%。乔木商品林各龄组面积蓄积量构成见表1-14。

表1-14　乔木商品林各龄组面积蓄积量

龄组	面积（万公顷）	面积占比（%）	蓄积量（万立方米）	蓄积量占比（%）
合计	8514.60	100.00	681582.63	100.00
幼龄林	3267.33	38.37	140278.71	20.58
中龄林	2854.40	33.52	247790.15	36.36
近熟林	1203.88	14.14	132505.04	19.44
成熟林	899.05	10.56	115987.64	17.02
过熟林	289.94	3.41	45021.09	6.60

分优势树种（组）的乔木商品林面积，排名居前10位的分别为杉木林、桉树林、栎树林、马尾松林、杨树林、落叶松林、桦木林、云南松林、柏木林、湿地松林，面积合计占全国的47.20%，蓄积量合计占全国的46.06%。

（五）森林质量特征

1. 单位面积蓄积量

乔木林每公顷蓄积量95.02立方米。其中，天然林116.87立方米，人工林60.04立方米；国有林131.59立方米，集体林70.60立方米；公益林106.13立方米，商品林80.05立方米。

2. 单位面积生物量

乔木林每公顷生物量91.84吨。其中，天然林112.21吨，人工林59.25吨；国有林118.05吨，集体林74.35吨；公益林100.65吨，商品林79.98吨。

3. 平均胸径

乔木林平均胸径14.4厘米。其中,天然林15.3厘米,人工林13.1厘米;国有林16.6厘米,集体林13.0厘米。

4. 平均树高

乔木林平均树高10.6米。其中,天然林11.2米,人工林9.8米;国有林12.4米,集体林9.6米。

5. 平均郁闭度

乔木林平均郁闭度0.59。其中,天然林0.61,人工林0.56;国有林0.60,集体林0.58。

6. 树种组成结构

乔木林中,纯林面积11398.07万公顷、占57.03%,混交林面积8588.44万公顷、占42.97%。

三、草原资源

草地面积26453.01万公顷,草原综合植被盖度50.32%,草地生物量16.00亿吨,植被碳储量7.20亿吨。鲜草年总产量5.95亿吨,折合干草年总产量1.92亿吨,单位面积干草产量0.73吨/公顷。

(一)各类草地面积

草地面积26453.01万公顷。按草地分类,面积较大的有高寒草甸、高寒典型草原、温性典型草原、温性荒漠、温性荒漠草原等5类,面积合计占75.63%。面积排名前10位的草原类型面积占比见表1-15。

表1-15 主要草原类型面积占比

草原类型	面积（万公顷）	占比（%）
高寒草甸	6752.24	25.53
高寒典型草原	4701.28	17.77
温性典型草原	3516.88	13.29
温性荒漠	3201.84	12.10
温性荒漠草原	1836.49	6.94
低地草甸	1171.40	4.43

（续）

草原类型	面积（万公顷）	占比（%）
温性草甸草原	956.16	3.61
温性草原化荒漠	913.71	3.45
山地草甸	873.46	3.30
高寒荒漠草原	716.55	2.71

草地面积按地理大区分，内蒙古高原草原区5286.64万公顷、占19.98%，西北山地盆地草原区6604.33万公顷、占24.97%，青藏高原草原区13587.01万公顷、占51.36%，东北华北平原山地丘陵草原区684.11万公顷、占2.59%，南方山地丘陵草原区290.92万公顷、占1.10%。各地理大区草地面积占比见图1-2。

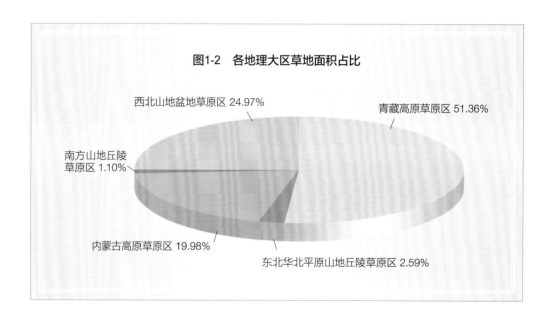

图1-2　各地理大区草地面积占比

西北山地盆地草原区 24.97%

青藏高原草原区 51.36%

南方山地丘陵草原区 1.10%

内蒙古高原草原区 19.98%

东北华北平原山地丘陵草原区 2.59%

（二）草原产草量

草地范围内鲜草总产量59542.87万吨，折合干草总产量19195.91万吨。内蒙古高原草原区草地鲜草总产量14951.30万吨、占25.11%，干草总产量4938.51万吨、占25.73%；西北山地盆地草原区草地鲜草总产量8377.78万吨、占14.07%，干草总产量2718.94万吨、占14.16%；青藏高原草原区草地鲜草总产量30669.28万吨、占51.51%，干草总产量9769.85万吨、占50.90%；东北华北平原山地丘陵草原区草地鲜草总产量3325.22万吨、占5.58%，干草总产量1053.55万吨、占5.49%；南方山地丘陵草原区草地鲜草总产量2219.29万吨、占3.73%，干草总产量715.06万吨、占3.72%。各地理大区鲜草和干草产量见图1-3。

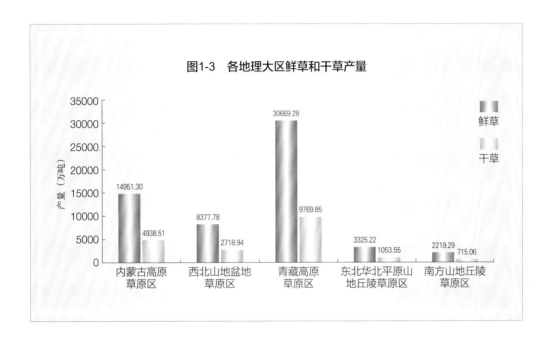

图1-3　各地理大区鲜草和干草产量

（三）草原质量特征

1. 草原综合植被盖度

全国草原综合植被盖度50.32%。内蒙古高原草原区51.29%，西北山地盆地草原区38.91%，青藏高原草原区53.63%，东北华北平原山地丘陵草原区74.10%，南方山地丘陵草原区81.44%。

2. 单位面积产草量

草地单位面积鲜草产量2.25吨/公顷。内蒙古高原草原区2.83吨/公顷，西北山地盆地草原区1.27吨/公顷，青藏高原草原区2.26吨/公顷，东北华北平原山地丘陵草原区4.86吨/公顷，南方山地丘陵草原区7.63吨/公顷。

单位面积干草产量0.73吨/公顷。内蒙古高原草原区0.93吨/公顷，西北山地盆地草原区0.41吨/公顷，青藏高原草原区0.72吨/公顷，东北华北平原山地丘陵草原区1.54吨/公顷，南方山地丘陵草原区2.46吨/公顷。各地理大区单位面积鲜草、干草产量见图1-4。

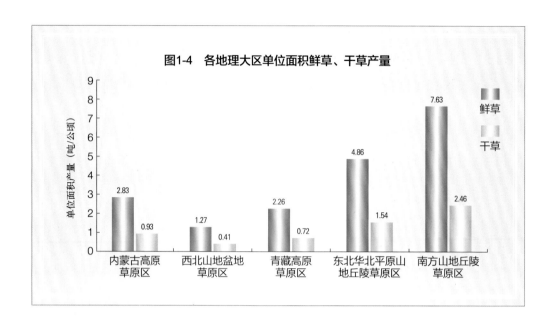

图1-4　各地理大区单位面积鲜草、干草产量

四、湿地资源

（一）湿地数量

全国湿地面积5629.38万公顷。其中，沼泽草地1114.41万公顷，占19.80%；河流水面880.78万公顷，占15.64%；湖泊水面846.48万公顷，占15.04%；内陆滩涂588.61万公顷，占10.46%；坑塘水面（不含养殖水面，下同）454.92万公顷，占8.08%；沟渠351.75万公顷，占6.25%；水库水面336.84万公顷，占5.98%；森

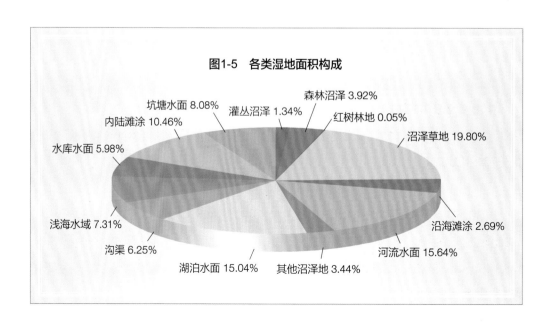

图1-5　各类湿地面积构成

林沼泽220.78万公顷，占3.92%；其他沼泽地193.68万公顷，占3.44%；沿海滩涂151.23万公顷，占2.69%；灌丛沼泽75.51万公顷，占1.34%；红树林地2.71万公顷，占0.05%；浅海水域411.68万公顷，占7.31%。各类湿地面积构成见图1-5。

（二）国际重要湿地状况

63处国际重要湿地范围面积732.54万公顷，湿地面积372.75万公顷。湿地面积中，森林沼泽6.67万公顷，灌丛沼泽2.97万公顷，沼泽草地71.69万公顷，其他沼泽地60.78万公顷，沿海滩涂21.70万公顷，内陆滩涂12.94万公顷，红树林地1.78万公顷，浅海水域8.97万公顷，其他湿地（包括河流、湖泊、水库、坑塘水面等）面积为185.25万公顷。国际重要湿地的各类湿地构成见图1-6。

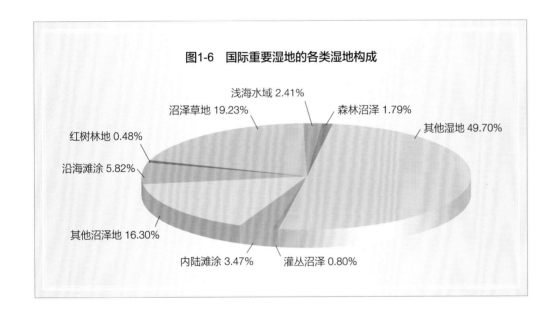

图1-6　国际重要湿地的各类湿地构成

浅海水域 2.41%
沼泽草地 19.23%
森林沼泽 1.79%
其他湿地 49.70%
红树林地 0.48%
沿海滩涂 5.82%
其他沼泽地 16.30%
内陆滩涂 3.47%
灌丛沼泽 0.80%

1. 水源补给状况

63处国际重要湿地水源补给状况基本稳定。自然补给能够满足生态需要的湿地有54处，占85.71%；自然补水不足、采取了人工补水措施的湿地9处，补水量共24.4亿立方米。

2. 水质状况

60处国际重要湿地开展了水质监测。53处为地表水水质，其中，Ⅰ类地表水5处、占9.43%，Ⅱ类16处、占30.19%，Ⅲ类14处、占26.42%，Ⅳ类9处、占16.98%，Ⅴ类9处、占16.98%。7处为海水水质，其中一类海水3处、占42.86%，二类海水4处、占57.14%。

3. 湿地植物

63处国际重要湿地中，共有湿地植物192科853属2258种（包括变种、变型），分别占全国湿地植物科、属、种数的80.33%、67.97%和53.51%。其中，苔藓植物21科31属44种，蕨类植物29科40属68种，裸子植物2科4属8种，被子植物140科778属2138种。

4. 湿地鸟类

开展鸟类监测的61处国际重要湿地中，记录有湿地鸟类14目36科260种，占我国湿地鸟类种数的79.51%。其中，有国家Ⅰ级重点保护野生动物29种，国家Ⅱ级重点保护野生动物52种；有IUCN红色名录极危（CR）物种6种，濒危（EN）物种17种，易危（VU）物种19种；有CITES附录Ⅰ物种12种，CITES附录Ⅱ物种13种。

5. 外来植物入侵状况

国际重要湿地发现的外来植物种类较多，主要有空心莲子草、一年蓬、加拿大一枝黄花、野燕麦、凤眼莲、土荆芥等，但分布面积小，尚未形成入侵态势。互花米草是入侵近海与海岸类型国际重要湿地的主要外来物种，上海崇明东滩、江苏盐城、江苏大丰麋鹿、福建漳江口红树林、广西山口红树林、山东黄河三角洲6处国际重要湿地都有互花米草入侵，入侵总面积26357.20公顷。

6. 受威胁状况

63处国际重要湿地中，受外来植物入侵威胁的有26处，受农业和生活等污染威胁的有11处，受工业污染排放威胁的有2处，受过度放牧威胁的有6处。

林草生态系统状况

林草生态系统状况

一、生态系统类型

森林生态系统、草原生态系统、湿地生态系统共同构成林草湿生态空间，总面积60494.98万公顷。其中，森林生态系统28412.59万公顷，草原生态系统26453.01万公顷，湿地生态系统5629.38万公顷。按人类影响程度分，自然生态系统47904.29万公顷、占79.19%，人工生态系统12590.69万公顷、占20.81%。

森林生态系统中，自然植被面积17020.53万公顷、占59.90%，主要由寒温性和温性针叶林、暖性针叶林、热性针叶林、落叶阔叶林、亚热带常绿阔叶林、热带雨林季雨林、竹林和灌丛构成，其中寒温性和温性针叶林、落叶阔叶林、亚热带常绿阔叶林面积较大，三者合计占全国的64.01%。人工植被面积11392.06万公顷、占40.10%，主要由针叶林、针阔混交林、阔叶林和灌木林构成，其中针叶林、阔叶林面积较大，二者合计占全国的61.91%。森林生态系统植被面积构成见表2-1。

表2-1　森林生态系统植被面积构成

自然植被			人工植被		
类型	面积（万公顷）	占比（%）	类型	面积（万公顷）	占比（%）
合计	17020.53	100.00	合计	11392.06	100.00
寒温性和温性针叶林	3304.18	19.41	针叶林	3535.69	31.04
暖性针叶林	1184.80	6.96	针阔混交林	762.51	6.69
热性针叶林	2.52	0.02	阔叶林	3516.76	30.87
落叶阔叶林	6055.19	35.58	灌木林	1032.98	9.07
亚热带常绿阔叶林	1535.18	9.02	未成林、迹地、苗圃等	2544.12	22.33
热带雨林季雨林	78.92	0.46			
竹林	374.67	2.20			
灌丛	4485.07	26.35			

草原生态系统中，天然草原面积26397.89万公顷、占99.79%，主要由草原、草甸、荒漠、灌草丛和稀树草原构成，其中草原、草甸面积最大，二者合计占全国的80.21%。人工草地面积55.12万公顷、占0.21%。

湿地生态系统中，天然湿地面积4485.87万公顷、占79.69%，人工湿地面积（含沟渠、水库水面、坑塘水面）1143.51万公顷、占20.31%。

二、生态系统格局

（一）分布格局

我国人均林草生态空间面积0.39公顷，其中人均林地面积0.20公顷，人均森林面积0.16公顷，人均草地面积0.19公顷，人均面积小，分布不均。各省份林草生态空间人均面积见表2-2。

表2-2　各省份林草生态空间人均面积

分级	省份（个）	林草生态空间人均面积（公顷）
1.0以上	4	西藏26.85、青海7.44、内蒙古3.27、新疆2.48
0.4～1.0	5	甘肃0.89、黑龙江0.72、云南0.56、四川0.42、宁夏0.41
0.1～0.4	14	吉林0.39、陕西0.37、广西0.33、贵州0.30、山西0.26、江西0.23、福建0.21、湖南0.19、湖北0.16、辽宁0.15、重庆0.15、海南0.12、河北0.11、浙江0.10
0.1以下	8	广东0.09、安徽0.07、河南0.05、北京0.04、山东0.03、天津0.01、江苏0.01、上海0.004

从经济区域看，东部地区林地草地面积占全国的7.40%，中部地区占9.25%，西部地区占76.29%，东北地区占7.06%。

从自然地理看，第一级阶梯的林地草地面积占全国的33.45%，第二级阶梯占41.51%，第三级阶梯占25.04%。

从气候大区看，湿润区的林地草地面积占全国的37.57%，亚湿润区占16.82%，亚干旱区占26.36%，干旱区占14.66%，极干旱区占4.59%。

从流域分布看，中国十大流域中的长江、黄河、黑龙江、珠江、辽河、海河和淮河等七大流域的林地草地面积占全国的53.25%，其中长江流域、黄河流域林地草地面积较大，二者合计占全国的30.42%。

（二）保护利用格局

我国秉承尊重自然、顺应自然的理念，坚持生态优先、保护优先、保育结合、可持续发展的原则，保护自然，保障民生。林草湿生态空间中，按主导功能分，服务于生态的面积35328.91万公顷、占58.40%，服务于生产的面积20326.97万公顷、占33.60%，服务于生活的面积4839.10万公顷、占8.00%。服务于生态的面积中，有13866.76万公顷纳入自然保护地严格保护，其中纳入国家公园保护的面积1992.19万公顷、占14.37%；纳入自然保护区保护的面积9426.67万公顷、占67.98%；纳入自然公园保护的面积2447.90万公顷、占17.65%。同时，实施天然林全面保护，将17189.59万公顷天然林资源纳入保护修复范围。根据分类经营策略，将13528.58万公顷的公益林地，按照中央和地方事权纳入生态补偿范围。实施草原生态保护补助奖励政策，将8043.20万公顷禁牧区面积纳入禁牧补助范围，对17366.73万公顷草畜平衡区进行生态保护奖励。纳入不同保护地类型和等级保护的林草湿地面积及比例见表2-3。

表2-3 纳入不同保护地类型和等级保护的林草湿地面积及比例

类型	合计		国家级		地方级	
	面积（万公顷）	比例（%）	面积（万公顷）	比例（%）	面积（万公顷）	比例（%）
合计	13866.76	100.00	9982.61	100.00	3884.15	100.00
国家公园	1992.19	14.37	1992.19	19.96	0.00	0.00
自然保护区	9426.67	67.98	6513.70	65.25	2912.97	75.00
自然公园	2447.90	17.65	1476.72	14.79	971.18	25.00

三、生态系统健康

健康状况是反映生态系统自我调节并保持其稳定性的能力，林草生态系统良好的健康状况是实现绿色发展的必要条件。森林和草原面积中，"健康"的22623.38万公顷、占45.89%，"亚健康"的13132.62万公顷、占26.64%，"不健康"的10542.18万公顷、占21.39%，"极不健康"的2995.89万公顷、占6.08%。

森林面积中，"健康"的19216.48万公顷、占84.13%，"亚健康"的2809.55万公顷、占12.30%，"不健康"的601.81万公顷、占2.64%，"极不健康"的213.22万公顷、占0.93%。

草原面积中，"健康"的3406.90万公顷、占12.88%，"亚健康"的10323.07万公顷、占39.02%，"不健康"的9940.37万公顷、占37.58%，"极不健康"的2782.67万公顷、占10.52%。

四、生态系统功能

（一）生态系统碳汇能力

林草植被总碳储量114.43亿吨。其中，林木植被碳储量107.23亿吨，草原植被碳储量7.20亿吨。林草植被年固碳量3.49亿吨，吸收二氧化碳当量12.80亿吨，其中，林木植被固碳3.10亿吨，吸收二氧化碳当量11.37亿吨；草原植被固碳0.28亿吨，吸收二氧化碳当量1.03亿吨；湿地植被（不含浮水植物和沉水植物）固碳0.11亿吨，吸收二氧化碳当量0.40亿吨。

林草碳密度18.92吨/公顷。其中，森林碳密度40.66吨/公顷，草原碳密度2.72吨/公顷。面积排名前10位的乔木林优势树种（组）中，冷杉林、云杉林、栎树林、桦木林碳密度超过45吨/公顷，主要优势树种（组）碳密度见表2-4。

表2-4　乔木林主要优势树种（组）碳密度

类型	碳密度（吨/公顷）	类型	碳密度（吨/公顷）
栎树林	51.24	杨树林	30.50
杉木林	34.63	桉树林	28.56
落叶松林	44.68	云杉林	63.73
桦木林	45.59	云南松林	34.18
马尾松林	40.06	冷杉林	85.77

内蒙古高原草原区碳密度3.04吨/公顷，西北山地盆地草原区碳密度1.63吨/公顷，青藏高原草原区碳密度2.91吨/公顷，东北华北平原山地丘陵草原区碳密度4.94吨/公顷，南方山地丘陵草原区碳密度7.46吨/公顷。

（二）生态系统功能物质量

林草湿生态空间年涵养水源8038.53亿立方米，年固碳量3.49亿吨，年固土量117.20亿吨，年保肥量7.72亿吨，年吸收大气污染物量0.75亿吨，年滞尘量102.57亿吨，年释氧量9.34亿吨，年植被养分固持量0.49亿吨。

年涵养水源量中，森林6289.58亿立方米，草地927.53亿立方米，湿地821.42亿立方米；年固碳量中，森林3.10亿吨，草地0.28亿吨，湿地0.11亿吨；年释氧量中，森林8.30亿吨，草地0.75亿吨，湿地0.29亿吨。

（三）生态系统功能价值量

林草湿生态空间生态产品总价值量为28.58万亿元/年，其中，森林16.62万亿元/年，草地8.51万亿元/年，湿地3.45万亿元/年。林草湿生态系统服务功能按照服务类别不同可分为生态系统支持功能、生态系统调节功能、生态系统供给功能、生态系统文化功能四大类，其中调节服务12.79万亿元/年、占44.75%，供给服务9.28万亿元/年、占32.47%，支持服务4.19万亿元/年、占14.66%，文化服务2.32万亿元/年、占8.12%。各功能类别生态系统服务价值见表2-5。

表2-5　各功能类别生态系统服务价值

服务类别	功能类别	价值量（亿元/年）	占比（%）
	合计	285752.06	100.00
支持服务	小计	41882.24	
	保育土壤	36291.99	14.66
	养分固持	5590.25	
调节服务	小计	127879.81	
	涵养水源	53681.42	
	固碳释氧	22097.87	44.75
	净化大气环境与降解污染物	50641.67	
	森林防护	1458.85	
供给服务	小计	92772.35	
	栖息地与生物多样性保护	69195.34	
	提供产品	22833.64	32.47
	湿地水源供给	743.37	
文化服务	小计	23217.66	
	生态康养	23217.66	8.12

重点区域
林草资源状况

重点区域林草资源状况①

一、重点战略区

长江经济带、黄河流域生态保护和高质量发展区、京津冀协同发展区是我国经济社会发展的重点战略区。

（一）长江经济带

长江经济带国土面积约205.23万平方公里。森林面积8943.87万公顷，森林覆盖率43.58%。森林蓄积量717051.66万立方米，单位面积蓄积量88.74立方米/公顷。天然林面积4968.44万公顷、蓄积量515239.95万立方米；人工林面积3975.43万公顷、蓄积量201811.71万立方米。草地面积1175.94万公顷，草原综合植被盖度81.90%。湿地面积1282.92万公顷，湿地率6.25%。长江经济带林草资源分布见图3-1。

（二）黄河流域生态保护和高质量发展区

黄河流域生态保护和高质量发展区国土面积130.64万平方公里。森林面积1884.45万公顷，森林覆盖率14.42%。森林蓄积量102601.98万立方米，单位面积蓄积量70.95立方米/公顷。天然林面积1068.09万公顷、蓄积量84210.23万立方米；人工林面积816.36万公顷、蓄积量18391.75万立方米。草地面积5562.64万公顷，草原综合植被盖度56.75%。湿地面积726.88万公顷，湿地率5.56%。黄河流域生态保护和高质量发展区林草资源分布见图3-2。

---

①本章节湿地面积不含浅海水域。

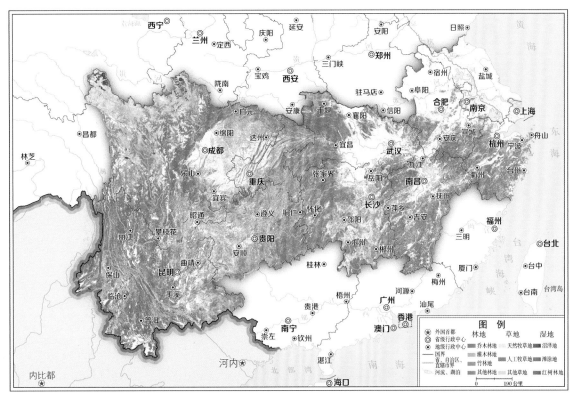

图3-1　长江经济带林草资源分布

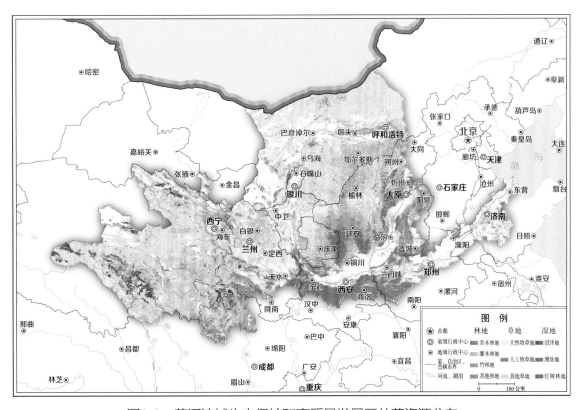

图3-2　黄河流域生态保护和高质量发展区林草资源分布

（三）京津冀协同发展区

京津冀协同发展区国土面积21.60万平方公里。森林面积546.98万公顷，森林覆盖率25.32%。森林蓄积量18561.91万立方米，单位面积蓄积量38.99立方米/公顷。天然林面积248.11万公顷、蓄积量8690.53万立方米；人工林面积298.87万公顷、蓄积量9871.38万立方米。草地面积197.68万公顷，草原综合植被盖度73.45%。湿地面积91.01万公顷，湿地率4.21%。京津冀协同发展区林草资源分布见图3-3。

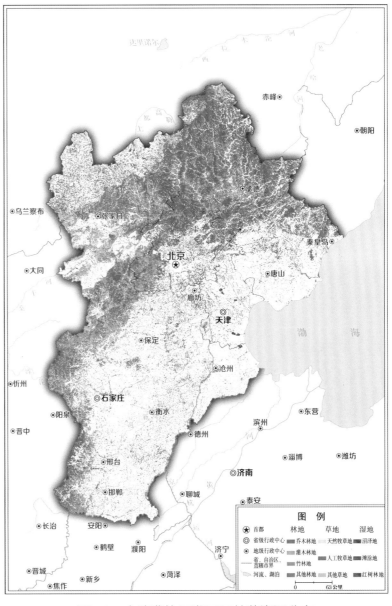

图3-3 京津冀协同发展区林草资源分布

二、国家公园

我国正式设立的国家公园包括三江源国家公园、大熊猫国家公园、东北虎豹国家公园、海南热带雨林国家公园、武夷山国家公园。

（一）三江源国家公园

三江源国家公园国土面积19.07万平方公里。林草覆盖面积1414.55万公顷，林草覆盖率74.18%。森林面积1.04万公顷，森林覆盖率0.05%。森林蓄积量13.25万立方米，单位面积蓄积量23.66立方米/公顷。该区域森林均为天然林。草地面积1410.45万公顷，草原综合植被盖度54.11%。湿地面积353.15万公顷，湿地率18.52%。三江源国家公园林草资源分布见图3-4。

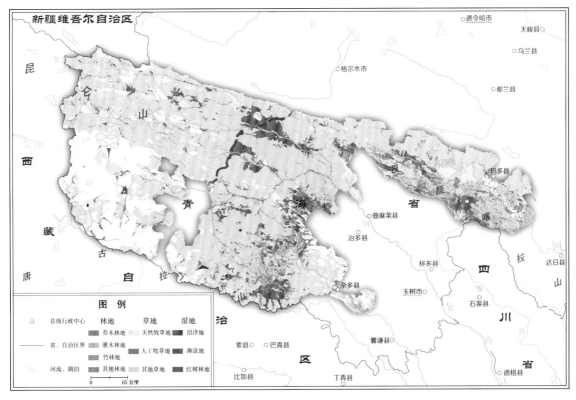

图3-4　三江源国家公园林草资源分布

（二）大熊猫国家公园

大熊猫国家公园国土面积2.20万平方公里。森林面积149.20万公顷，森林覆盖率67.82%。森林蓄积量23703.37万立方米，单位面积蓄积量159.26立方米/公顷。天然林面积133.98万公顷、蓄积量23015.38万立方米；人工林面积15.22万公顷、蓄积量687.99万立方米。草地面积15.42万公顷，草原综合植被盖度79.84%。湿地面积2.10万公顷，湿地率0.95%。大熊猫国家公园林草资源分布见图3-5。

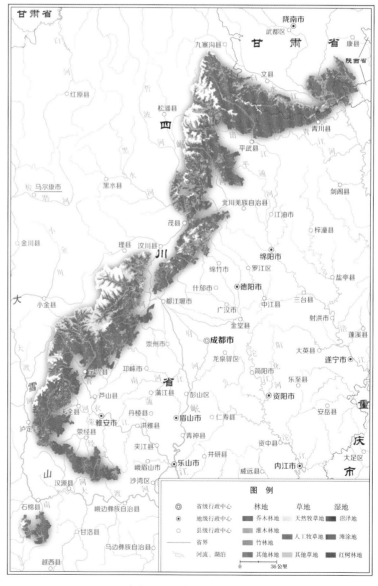

图3-5 大熊猫国家公园林草资源分布

（三）东北虎豹国家公园

东北虎豹国家公园国土面积1.41万平方公里。森林面积136.01万公顷，森林覆盖率96.46%。森林蓄积量20851.04万立方米，单位面积蓄积量153.31立方米/公顷。天然林面积129.86万公顷、蓄积量20263.51万立方米；人工林面积6.15万公顷、蓄积量587.53万立方米。草地面积0.20万公顷，草原综合植被盖度83.35%。湿地面积0.88万公顷，湿地率0.62%。东北虎豹国家公园林草资源分布见图3-6。

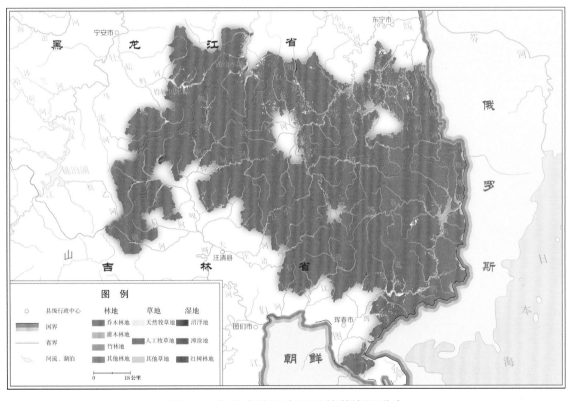

图3-6　东北虎豹国家公园林草资源分布

（四）海南热带雨林国家公园

海南热带雨林国家公园国土面积4269平方公里。森林面积39.20万公顷，森林覆盖率91.82%。森林蓄积量5094.65万立方米，单位面积蓄积量130.13立方米/公顷。天然林面积31.56万公顷、蓄积量4388.37万立方米；人工林面积7.64万公顷、蓄积量706.28万立方米。草地面积0.02万公顷，草原综合植被盖度95.02%。湿地面积1.14万公顷，湿地率2.67%。海南热带雨林国家公园林草资源分布见图3-7。

（五）武夷山国家公园

武夷山国家公园国土面积1280平方公里。森林面积12.09万公顷，森林覆盖率94.45%。森林蓄积量967.65万立方米，单位面积蓄积量92.95立方米/公顷。天然林面积11.29万公顷、蓄积量874.03万立方米；人工林面积0.80万公顷、蓄积量93.62万立方米。草地面积0.02万公顷，草原综合植被盖度79.20%。湿地面积0.11万公顷，湿地率0.86%。武夷山国家公园林草资源分布见图3-8。

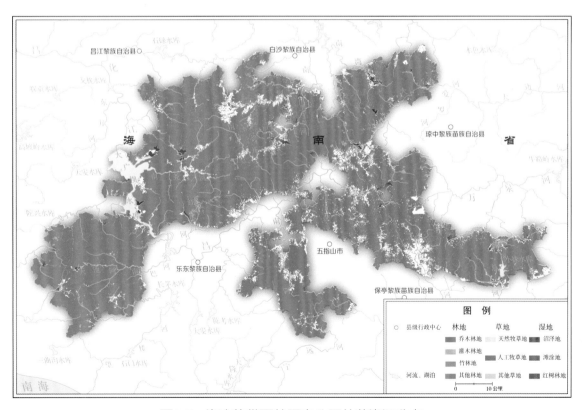

图3-7　海南热带雨林国家公园林草资源分布

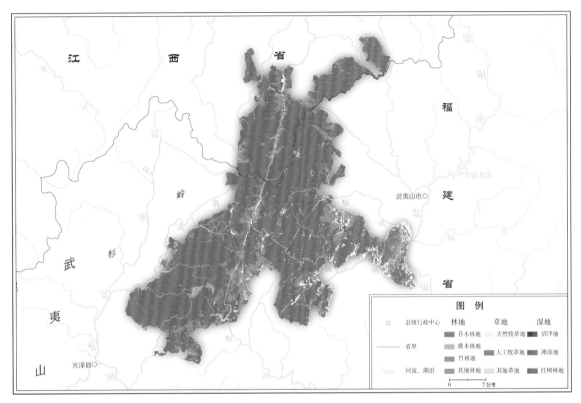

图3-8 武夷山国家公园林草资源分布

三、重要生态保护修复区

根据《全国重要生态系统保护和修复重大工程总体规划（2021—2035年）》，全国重要生态系统保护和修复重大工程规划布局在青藏高原生态屏障区、黄河重点生态区、长江重点生态区、东北森林带、北方防沙带、南方丘陵山地带、海岸带等重点区域。区域面积约68452.89万公顷，占国土面积的71.31%。

（一）青藏高原生态屏障区

青藏高原生态屏障区面积约20853.00万公顷。森林面积1290.41万公顷，森林覆盖率6.19%。森林蓄积量232049.19万立方米，单位面积蓄积量223.12立方米/公顷。天然林面积1270.76万公顷、蓄积量231364.48万立方米；人工林面积19.65万公顷、蓄积量684.71万立方米。草地面积11908.40万公顷，草原综合植被盖度51.01%。湿地面积1677.33万公顷，湿地率8.04%。青藏高原生态屏障区林草资源分布见图3-9。

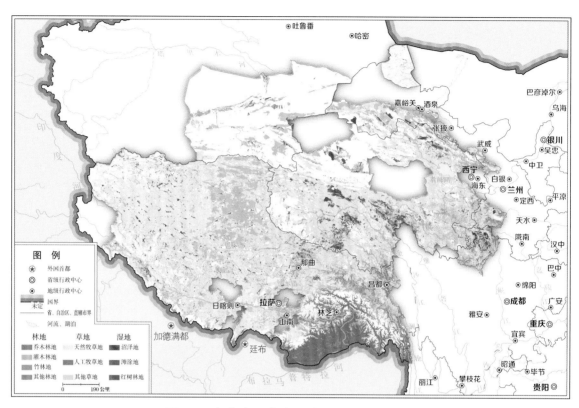

图3-9 青藏高原生态屏障区林草资源分布

（二）黄河重点生态区

黄河重点生态区面积6636.19万公顷。森林面积1802.30万公顷，森林覆盖率27.16%。森林蓄积量94906.94万立方米，单位面积蓄积量61.95立方米/公顷。天然林面积1016.85万公顷、蓄积量76233.71万立方米；人工林面积785.45万公顷、蓄积量18673.23万立方米。草地面积1623.05万公顷，草原综合植被盖度57.87%。湿地面积137.22万公顷，湿地率2.07%。黄河重点生态区林草资源分布见图3-10。

（三）长江重点生态区

长江重点生态区面积10830.28万公顷。森林面积4956.95万公顷，森林覆盖率45.77%。森林蓄积量453066.77万立方米，单位面积蓄积量94.85立方米/公顷。天然林面积3158.66万公顷、蓄积量366862.91万立方米；人工林面积1798.29万公顷、蓄积量86203.86万立方米。草地面积1003.05万公顷，草原综合植被盖度81.41%。湿地面积400.76万公顷，湿地率3.70%。长江重点生态区林草资源分布见图3-11。

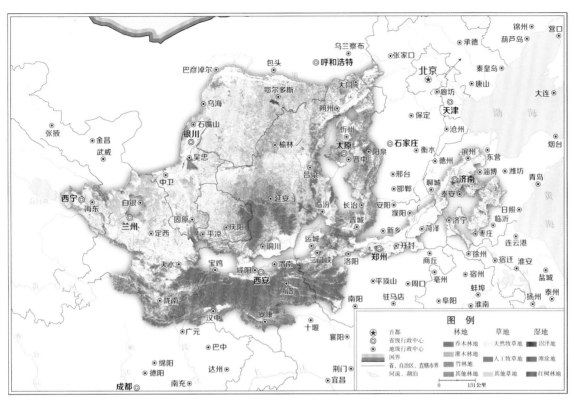

图3-10 黄河重点生态区林草资源分布

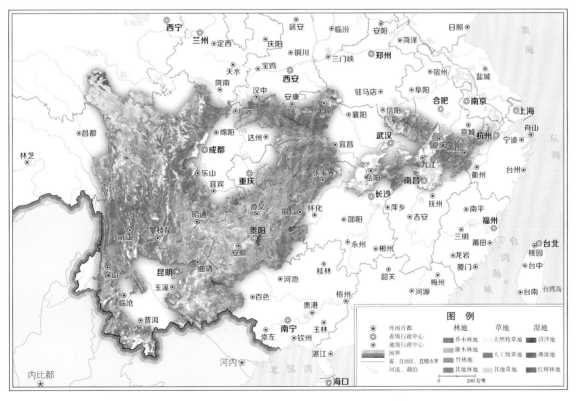

图3-11 长江重点生态区林草资源分布

（四）东北森林带

东北森林带面积5637.78万公顷。森林面积3643.29万公顷，森林覆盖率64.62%。森林蓄积量415343.12万立方米，单位面积蓄积量114.20立方米/公顷。天然林面积3288.86万公顷、蓄积量385301.65万立方米；人工林面积354.43万公顷、蓄积量30041.47万立方米。草地面积148.59万公顷，草原综合植被盖度78.28%。湿地面积622.33万公顷，湿地率11.04%。东北森林带林草资源分布见图3-12。

（五）北方防沙带

北方防沙带面积18300.00万公顷。森林面积2007.98万公顷，森林覆盖率10.97%。森林蓄积量71051.70万立方米，单位面积蓄积量68.72立方米/公顷。天然林面积1397.37万公顷、蓄积量51919.73万立方米；人工林面积610.61万公顷、蓄积量19131.97万立方米。草地面积8438.03万公顷，草原综合植被盖度44.01%。湿地面积620.15万公顷，湿地率3.39%。北方防沙带林草资源分布见图3-13。

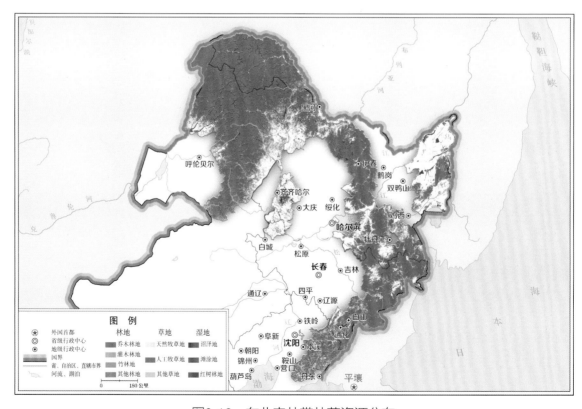

图3-12　东北森林带林草资源分布

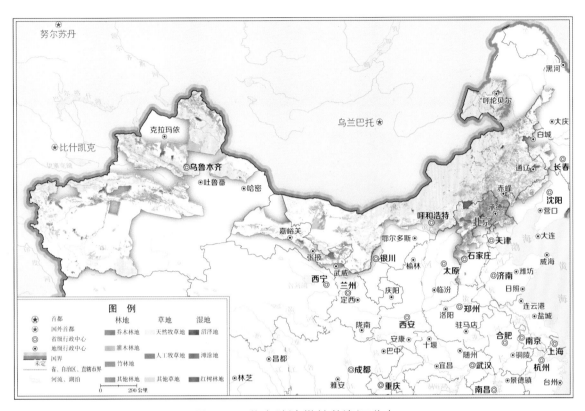

图3-13　北方防沙带林草资源分布

（六）南方丘陵山地带

南方丘陵山地带面积4023.78万公顷。森林面积2493.58万公顷，森林覆盖率61.97%。森林蓄积量180405.48万立方米，单位面积蓄积量83.95立方米/公顷。天然林面积1140.98万公顷、蓄积量83178.79万立方米；人工林面积1352.60万公顷、蓄积量97226.69万立方米。草地面积34.58万公顷，草原综合植被盖度83.19%。湿地面积115.77万公顷，湿地率2.88%。南方丘陵山地带林草资源分布见图3-14。

（七）海岸带

海岸带面积2171.86万公顷。森林面积574.15万公顷，森林覆盖率26.44%。森林蓄积量39797.14万立方米，单位面积蓄积量72.32立方米/公顷。天然林面积158.75万公顷、蓄积量15682.87万立方米；人工林面积415.40万公顷、蓄积量24114.27万立方米。草地面积38.53万公顷，草原综合植被盖度76.38%。湿地面积331.22万公顷，湿地率15.25%。海岸带林草资源分布见图3-15。

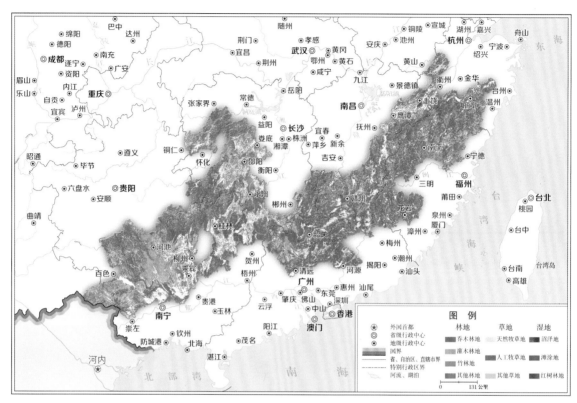

图3-14 南方丘陵山地带林草资源分布

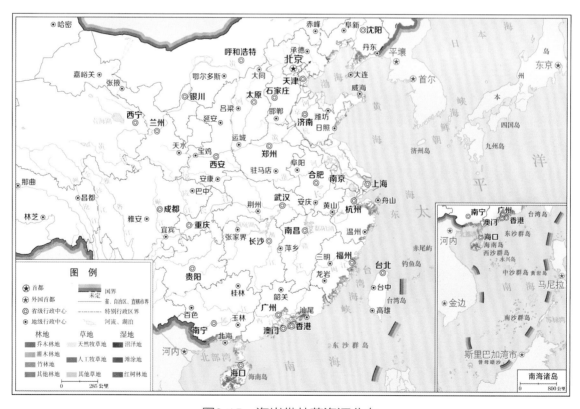

图3-15 海岸带林草资源分布

四、重点生态功能区

根据《全国主体功能区规划》（国发〔2010〕46号）、国务院关于同意新增部分县（市、区、旗）纳入国家重点生态功能区的批复（国函〔2016〕161号），国家重点生态功能区包括25个区域，分为水源涵养型、水土保持型、防风固沙型和生物多样性维护型4种类型。重点生态功能区林草资源分布见图3-16。

（一）水源涵养型生态功能区

水源涵养型生态功能区国土面积14909.71万公顷。森林面积4971.97万公顷，森林覆盖率33.35%。森林蓄积量525457.53万立方米，单位面积蓄积量113.01立方米/公顷。天然林面积4090.18万公顷、蓄积量463042.60万立方米，人工林面积881.79万公顷、蓄积量62414.93万立方米。草地面积5767.01万公顷，草原综合植被盖度59.20%。湿地面积1332.85万公顷，湿地率8.94%。

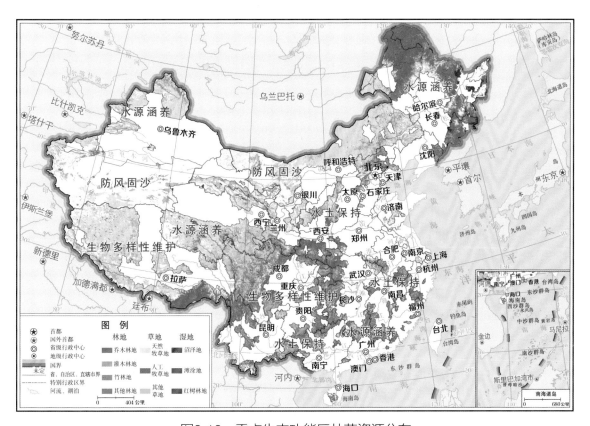

图3-16　重点生态功能区林草资源分布

（二）水土保持型生态功能区

水土保持型生态功能区国土面积3381.16万公顷。森林面积1410.86万公顷，森林覆盖率41.73%。森林蓄积量95482.77万立方米，单位面积蓄积量74.36立方米/公顷。天然林面积679.59万公顷、蓄积量51421.04万立方米，人工林面积731.27万公顷、蓄积量44061.73万立方米。草地面积385.56万公顷，草原综合植被盖度66.12%。湿地面积79.88万公顷，湿地率2.36%。

（三）防风固沙型生态功能区

防风固沙型生态功能区国土面积15773.18万公顷。森林面积1020.42万公顷，森林覆盖率6.47%。森林蓄积量22242.38万立方米，单位面积蓄积量41.55立方米/公顷。天然林面积613.56万公顷、蓄积量10606.04万立方米；人工林面积406.86万公顷、蓄积量11636.34万立方米。草地面积5747.80万公顷，草原综合植被盖度41.22%。湿地面积452.24万公顷，湿地率2.87%。

（四）生物多样性维护型生态功能区

生物多样性维护型生态功能区国土面积14463.89万公顷。森林面积4625.86万公顷，森林覆盖率31.98%。森林蓄积量532400.44万立方米，单位面积蓄积量121.18立方米/公顷。天然林面积3476.92万公顷、蓄积量476528.87万立方米；人工林面积1148.94万公顷、蓄积量55871.57万立方米。草地面积5471.79万公顷，草原综合植被盖度47.76%。湿地面积721.06万公顷，湿地率4.99%。

五、重点国有林区

东北、内蒙古重点国有林区包括内蒙古森工集团、吉林森工集团、长白山森工集团、龙江森工集团、伊春森工集团、大兴安岭林业集团，分布于我国的内蒙古、吉林、黑龙江3个省份。

（一）内蒙古森工集团

内蒙古森工集团森林面积822.85万公顷，森林覆盖率85.59%。森林蓄积量

99392.27万立方米，单位面积蓄积量121.08立方米/公顷。天然林面积779.77万公顷、蓄积量96510.66万立方米；人工林面积43.08万公顷、蓄积量2881.61万立方米。草地面积13.23万公顷，湿地面积129.25万公顷。内蒙古森工集团林草资源分布见图3-17。

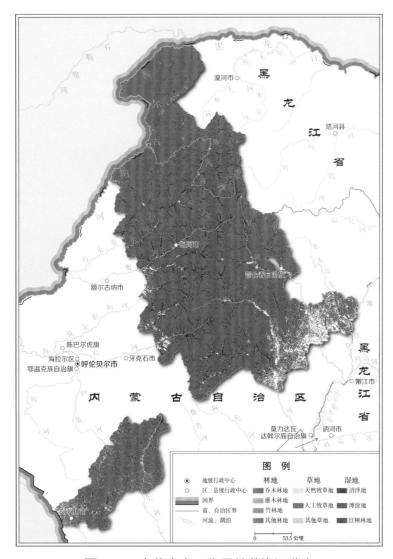

图3-17 内蒙古森工集团林草资源分布

（二）吉林森工集团

吉林森工集团森林面积121.14万公顷，森林覆盖率92.75%。森林蓄积量23843.20万立方米，单位面积蓄积量196.82立方米/公顷。天然林面积103.76万公顷、蓄积量21811.45万立方米；人工林面积17.38万公顷、蓄积量2031.75万立方米。草地面积0.19万公顷，湿地面积2.94万公顷。吉林森工集团林草资源分布见图3-18。

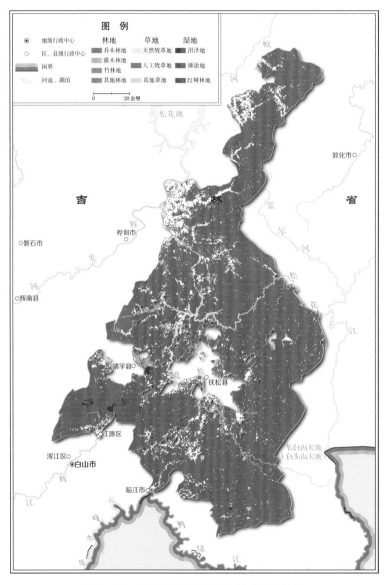

图3-18　吉林森工集团林草资源分布

（三）长白山森工集团

长白山森工集团森林面积200.49万公顷，森林覆盖率92.12%。森林蓄积量37061.76万立方米，单位面积蓄积量184.86立方米/公顷。天然林面积188.76万公顷、蓄积量35733.75万立方米；人工林面积11.73万公顷、蓄积量1328.01万立方米。草地面积0.64万公顷，湿地面积5.11万公顷。长白山森工集团林草资源分布见图3-19。

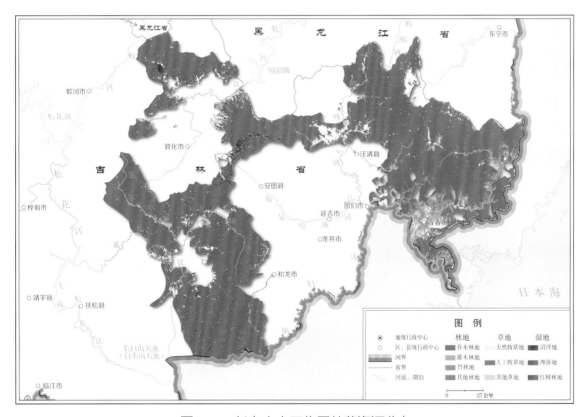

图3-19　长白山森工集团林草资源分布

（四）龙江森工集团

龙江森工集团森林面积534.28万公顷，森林覆盖率84.00%。森林蓄积量63033.88万立方米，单位面积蓄积量117.98立方米/公顷。天然林面积478.69万公顷、蓄积量58372.40万立方米；人工林面积55.59万公顷、蓄积量4661.48万立方米。草地面积2.28万公顷，湿地面积34.14万公顷。龙江森工集团林草资源分布见图3-20。

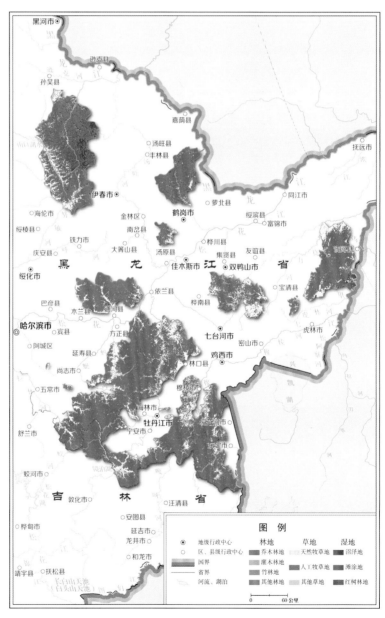

图3-20 龙江森工集团林草资源分布

（五）伊春森工集团

伊春森工集团森林面积296.52万公顷，森林覆盖率84.60%。森林蓄积量36836.32万立方米，单位面积蓄积量124.43立方米/公顷。天然林面积270.63万公顷、蓄积量34741.05万立方米；人工林面积25.89万公顷、蓄积量2095.27万立方米。草地面积1.50万公顷，湿地面积27.32万公顷。伊春森工集团林草资源分布见图3-21。

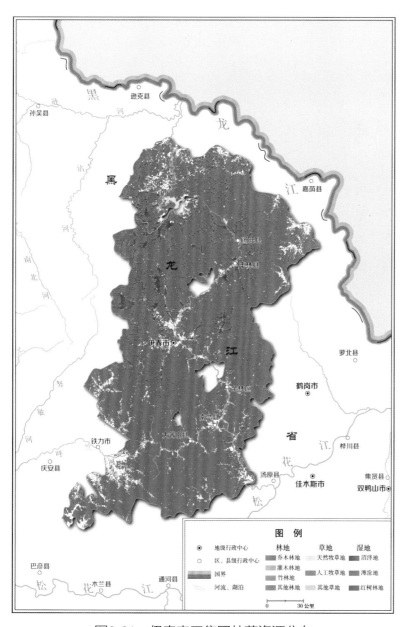

图3-21　伊春森工集团林草资源分布

（六）大兴安岭林业集团

大兴安岭林业集团森林面积689.58万公顷，森林覆盖率85.91%。森林蓄积量63358.22万立方米，单位面积蓄积量91.88立方米/公顷。天然林面积671.68万公顷、蓄积量62015.88万立方米；人工林面积17.90万公顷、蓄积量1342.34万立方米。草地面积1.26万公顷，湿地面积146.21万公顷。大兴安岭林业集团林草资源分布见图3-22。

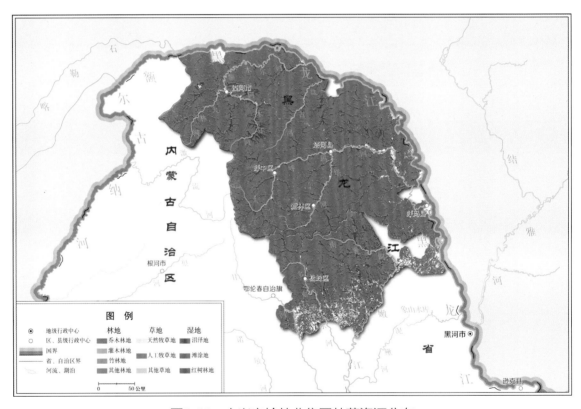

图3-22　大兴安岭林业集团林草资源分布

林草资源
保护发展状况

林草资源保护发展状况

一、林草资源发展状况

党的十八大以来，我国加快推进生态文明建设，认真践行绿水青山就是金山银山理念，构建以国家公园为主体的自然保护地体系，全面推行林长制，统筹山水林田湖草沙系统治理，全面加强生态系统保护修复，着力推进科学绿化，森林面积蓄积量稳步增加，林草资源不断增长，林草生态系统步入健康状况向好、质量逐步提升、功能稳步增强的发展阶段，为推进林草事业高质量发展，实现人与自然和谐共处，支撑碳达峰、碳中和战略做出新贡献。

（一）森林总量稳步增长，结构有所改善

与第九次全国森林资源清查结果相比，森林面积增加1019.01万公顷，达到2.31亿公顷；森林蓄积量增加19.33亿立方米，达到194.93亿立方米；森林覆盖率上升1.06个百分点，达到24.02%，呈稳步增长态势。森林群落结构完整的比率上升2.28个百分点、达到67.23%，混交林面积比率上升1.05个百分点、达到42.97%。

（二）天然林持续恢复，人工林稳步增长

天然林面积增加213.52万公顷，人工林面积增加805.49万公顷，分别占森林面积增量的20.95%和79.05%；天然林蓄积量增加7.07亿立方米，人工林蓄积量增加12.26亿立方米，分别占森林蓄积量增量的36.55%和63.45%。天然林和人工林面积之比由第九次清查的64∶36变为62∶38，人工林面积所占比例继续保持上升势头。

（三）林草湿质量稳中向好，生态服务功能增强

与第九次全国森林资源清查结果相比，森林每公顷蓄积量增加0.19立方米、达到95.02立方米；平均胸径增加1.0厘米、达到14.4厘米；平均树高增加0.1米、

达到10.6米，均呈增加趋势。鲜草产量每公顷2.25吨，保持较好水平。国际重要湿地地表水水质Ⅰ、Ⅱ、Ⅲ类的有35处。林草湿生态系统年涵养水源8038.53亿立方米、年吸收二氧化碳当量12.80亿吨、年释氧量9.34亿吨、年固土量117.20亿吨、年保肥量7.72亿吨、年吸收大气污染物量0.75亿吨、年滞尘量102.57亿吨、年植被养分固持量0.49亿吨。生态系统服务功能年价值量达到28.58万亿元，相当于2020年全国GDP的1/4。

（四）林草固碳继续增加，森林增汇能力提升

林草植被总碳储量114.43亿吨，其中林木植被碳储量107.23亿吨，草原植被碳储量7.20亿吨；林草碳密度18.92吨/公顷，林草植被年固碳量3.49亿吨。与第九次全国森林资源清查结果相比，森林碳储量增加11.62亿吨、达到92.87亿吨，森林碳密度增加3.43吨/公顷、达到40.66吨/公顷。

（五）保护格局基本形成，利用格局趋于合理

全国林地、草地、湿地总面积6.05亿公顷，占国土面积的63.02%。其中，林地2.84亿公顷、草地2.65亿公顷、湿地0.56亿公顷。林草湿生态空间中，纳入自然保护地严格保护的面积达到1.39亿公顷，按照中央和地方事权纳入公益林管理的林地面积1.73亿公顷；实施草原生态保护补助奖励政策，将0.8亿公顷草原面积纳入禁牧补助范围，对1.74亿公顷草畜平衡区进行生态保护奖励；全国湿地面积中有372.75万公顷纳入国际重要湿地。以国家公园为主体、以自然保护地为依托、以生态补偿为抓手的保护格局基本形成。林草湿生态空间中，服务生态、生产、生活的比例为58∶34∶8，初步形成了数量与质量并重、利用与保护协调、政策与措施衔接、生态与经济双赢的利用格局。

然而，与生态文明建设和高质量发展要求相比，我国林草资源存在总量不足、质量不高、空间分布不均、生态承载力不强等问题。我国人均森林面积不足世界人均森林面积的1/3，人均森林蓄积量不足世界人均森林蓄积量的1/5，人均草地面积不足世界平均水平的1/3；森林每公顷蓄积量不足世界平均水平的70%，"健康的"草原面积仅占1/8，63个国际重要湿地中，有18处水质为Ⅳ类和Ⅴ类，仍面临着外来植物入侵、农业工业和生活污染、过度放牧等各种威胁。林草生态系统多种效益尚未充分发挥，构建健康、稳定、优质、高效的生态系统任重而道远。

二、林草资源保护发展对策

为加快推进生态文明和美丽中国建设，进一步提升林草生态系统质量和服务功能，必须深入贯彻习近平生态文明思想，坚持绿水青山就是金山银山、山水林田湖草沙系统治理理念，尊重自然、顺应自然、保护自然，加强林草生态系统保护修复，稳步提升林草资源总量，强化经营管理，全面推进林业草原国家公园"三位一体"融合发展。

（一）精准提升林草生态系统质量

将生态建设重心从扩大面积转到提升质量上来，尤其是要通过生态系统经营，加快构建健康稳定、优质高效的生态系统。继续全面停止天然林商业性采伐，推行以森林经营方案为基础的森林培育、保护利用机制。落实草原禁牧和草畜平衡制度，合理降低开发利用强度，以自然恢复为主，适度开展人工干预措施，科学种草改良，修复退化草原，提高草原质量和功能。优化湿地保护空间布局，采取近自然措施，强化源头治理，增强湿地自我修复能力，提升湿地质量和功能。

（二）加强林草生态系统保护修复

科学制定林地保护利用规划，分级划定林地保护利用范围。聚焦各区域生态问题和保护修复难点，合理安排增绿空间，落地上图，坚持因地制宜、适地适绿，宜乔则乔、宜灌则灌、宜草则草，形成全国林草生态系统保护修复项目库，精准实施保护修复措施，持续推进林草生态系统保护修复工作，科学推进国土绿化。

（三）加快完善林草湿生态产品价值实现机制

优化服务于生态、生产、生活的林草湿生态空间格局，加快推进以国家公园为主体的自然保护地体系建设，统筹林草湿生态保护补偿，建立与生态价值相协调的补偿制度。巩固和提升绿色林草产业，大力发展储备林、木竹产业、现代草业等优势产业。开展美丽林草评价和大美林草推介，推进林草生态旅游和康养产业升级，开发更多优质生态产品，扎实推进生态产品价值实现。

（四）依法强化林草资源监督管理

全面推深做实林长制，建立督查考核制度，压紧压实各级党委政府保护发展林草资源的主体责任。完善林草湿地分级分类保护管理措施，强化林草湿生态空间用途管制和总量控制机制，实行负面清单管理。落实采伐限额、凭证采伐管理，保护基本草原，规范林木采伐和放牧管理。综合开展"天上看、地面查、网络传"的林草湿和自然保护地督查，及时遏制和查处违法违规行为。

（五）持续开展林草生态综合监测

建立健全国家地方一体、部门协同一致的林草生态综合监测制度。统筹林草监测技术力量，设立国家林草生态综合监测中心，强化队伍建设，提高装备水平，提升综合监测数据采集和信息处理能力。加大高分定量遥感、卫星精准定位、无人机监测、模型技术研究应用力度，加强点面融合监测、生态系统评价、林草碳汇计量等技术攻关和基础数表研建，持续开展年度林草生态综合监测，服务碳达峰、碳中和战略，支撑林草资源保护发展、林长制督查考核，提升治理体系和治理能力现代化水平。

附　录

附录1　附表

附表1 世界部分国家森林资源主要指标排序

国家	森林面积		森林覆盖率		森林蓄积量		森林单位蓄积量		天然林面积		人工林面积	
	千公顷	排序	%	排序	百万立方米	排序	立方米/公顷	排序	千公顷	排序	千公顷	排序
全球	4058931	—	31.0	—	556526	—	137.1	—	3737172	—	292587	—
中国	230636	5	24.02	136	19493	6	95.02	105	142550	5	88086	1
俄罗斯	815312	1	49.8	60	81071	2	99	103	796432	1	18880	3
巴西	496620	2	59.4	34	120358	1	242	27	485396	2	11224	7
加拿大	346928	3	38.2	89	45108	3	130	78	328765	3	18163	4
美国	309795	4	33.9	106	41269	4	133	75	282273	4	27522	2
澳大利亚	134005	6	17.4	148	—	—	—	—	131615	6	2390	22
刚果民主共和国	126155	7	55.7	44	30782	5	244	26	126098	7	58	111
印度尼西亚	92133	8	49.1	62	12727	8	138	73	87608	8	4526	13
秘鲁	72330	9	56.5	40	11525	9	159	63	71242	9	1088	35
印度	72160	10	24.3	130	5142	15	71	126	58891	12	13269	6
哥伦比亚	59142	13	53.3	49	14830	7	251	23	58715	13	427	55
委内瑞拉（玻利瓦尔共和国）	46231	15	52.4	52	10254	10	222	31	44873	16	1358	32
圭亚那	18415	34	93.6	3	7068	11	384	4	18415	28		
新西兰	9893	53	35.6	97	4144	18	419	1	7808	55	2084	27
苏里南	15196	44	97.4	1	5651	13	372	5	15182	37	14	137
瑞士	1269	117	32.1	112	449	78	354	7	1120	113	149	83
罗马尼亚	6929	65	30.1	118	2355	35	340	9	6034	66	895	37
加蓬	23531	24	91.3	5	5530	14	235	29	23501	22	30	124

（续）

国家	森林面积		森林覆盖率		森林蓄积量		森林单位蓄积量		天然林面积		人工林面积	
	千公顷	排序	%	排序	百万立方米	排序	立方米/公顷	排序	千公顷	排序	千公顷	排序
巴布亚新几内亚	35856	19	79.2	10	3410	25	95	107	35796	19	61	108
德国	11419	51	32.7	110	3663	23	321	13	5710	69	5710	10
日本	24935	23	68.4	22			212		14751	42	10184	8
英国	3190	90	13.2	158	677	67	212	37	344	135	2846	18
法国	17253	38	31.5	113	3056	27	177	50	14819	41	2434	21
瑞典	27980	22	68.7	21	3654	24	131	77	14068	44	13912	5
芬兰	22409	25	73.7	12	2449	33	109	93	15041	38	7368	9
挪威	12180	50	40.1	85	1233	47	101	100	12072	49	108	92
南非	17050	40	14.1	155	898	61	53	142	13906	45	3144	17

注：①根据联合国粮农组织2020年全球森林资源评估结果整理，其中的森林按照联合国粮农组织的定义；森林单位蓄积量等于森林蓄积量除以森林面积。

②森林面积和森林覆盖率根据236个国家和地区的数据排序，森林蓄积量和单位蓄积量根据提供了数据的179个国家和地区排序，天然林和人工林面积根据提供了数据的198个国家和地区排序；

③中国的森林资源数据采用2021年林草生态综合监测结果。

附表2 全国各省（自治区、直辖市）森林资源主要指标排序

统计单位	森林覆盖率		森林面积		森林蓄积量		活立木蓄积量		天然林面积		人工林面积		乔木林每公顷蓄积量	
	%	排序	万公顷	排序	万立方米	排序	万立方米	排序	万公顷	排序	万公顷	排序	立方米/公顷	排序
全国	24.02	—	23063.63	—	1949280.80	—	2204278.21	—	14255.04	—	8808.59	—	95.02	—
北京	43.31	13	71.06	28	2952.49	28	3829.95	28	28.43	26	42.63	26	41.58	27
天津	12.82	24	15.40	30	508.32	31	739.57	31	0.40	29	15.00	29	34.96	31
河北	24.41	19	460.52	19	15101.10	24	19041.72	22	219.28	20	241.24	16	37.77	29
山西	20.60	21	322.82	23	15877.61	22	18798.34	23	158.62	22	164.20	20	51.33	25
内蒙古	20.10	22	2302.08	1	164424.01	5	181073.27	5	1749.25	1	552.83	6	96.95	8
辽宁	35.27	17	524.38	17	36073.48	16	38749.48	17	267.87	17	256.51	14	72.70	16
吉林	43.88	10	838.99	12	122586.86	6	128255.98	6	641.84	7	197.15	18	146.34	2
黑龙江	44.47	9	2012.35	3	215847.19	2	238273.22	2	1741.21	2	271.14	12	107.26	6
上海	12.40	25	10.68	31	857.22	29	1088.66	30	—	—	10.68	30	82.35	11
江苏	7.22	29	76.83	27	5162.84	26	9872.96	26	—	—	76.83	24	72.05	17
浙江	56.64	3	598.91	16	37786.63	15	44252.22	16	329.83	14	269.08	13	76.17	14
安徽	28.06	18	393.21	20	25669.44	19	31399.22	19	98.24	24	294.97	10	73.25	15
福建	65.12	1	807.72	13	80713.30	8	90884.95	8	395.48	12	412.24	8	121.64	3
江西	58.97	2	984.50	8	66328.90	9	76919.13	9	612.09	9	372.41	9	81.94	12
山东	14.16	23	223.81	24	7672.41	25	14254.57	25	0.84	28	222.97	17	37.26	30
河南	21.14	20	350.28	21	17731.81	21	27982.63	21	163.07	21	187.21	19	51.29	26
湖北	42.11	15	782.97	14	48336.09	14	53698.23	14	492.25	10	290.72	11	63.34	23
湖南	53.03	5	1123.44	7	58037.93	10	67583.50	10	400.69	11	722.75	3	62.75	24
广东	53.03	5	953.29	9	57811.71	11	63017.19	11	237.96	18	715.33	4	64.99	22
广西	49.70	7	1181.30	5	85953.26	7	99004.84	7	311.94	15	869.36	1	76.93	13

（续）

统计单位	森林覆盖率		森林面积		森林蓄积量		活立木蓄积量		天然林面积		人工林面积		乔木林每公顷蓄积量	
	%	排序	万公顷	排序	万立方米	排序	万立方米	排序	万公顷	排序	万公顷	排序	立方米/公顷	排序
海南	48.26	8	169.47	25	15493.33	23	17468.64	24	59.00	25	110.47	23	92.64	9
重庆	42.30	14	348.48	22	21845.89	20	28762.32	20	223.57	19	124.91	22	67.65	20
四川	35.72	16	1736.26	4	189498.02	4	214908.11	4	1007.59	5	728.67	2	113.81	4
贵州	43.81	11	771.56	15	49081.10	13	58043.26	13	281.91	16	489.65	7	66.47	21
云南	55.25	4	2117.03	2	214447.60	2	240976.97	1	1522.27	3	594.76	5	103.80	7
西藏	9.82	28	1181.00	6	224264.18	1	233543.37	3	1172.53	4	8.47	31	229.96	1
陕西	43.48	12	894.09	11	56953.80	12	62134.51	12	640.06	8	254.03	15	67.87	19
甘肃	11.33	26	482.67	18	26406.88	18	32227.04	18	333.57	13	149.10	21	68.12	18
青海	2.21	31	153.67	26	4441.91	27	5854.07	27	134.54	23	19.13	28	91.23	10
宁夏	9.88	27	51.29	29	807.15	30	1304.08	29	10.63	27	40.66	27	38.81	28
新疆	5.52	30	901.00	10	30404.94	17	50132.81	15	846.33	6	54.67	25	112.29	5
台湾	60.71	—	219.71	—	50203.40	—	50203.40	—	173.75	—	45.96	—	228.50	—
香港	25.05	—	2.77	—	—	—	—	—	—	—	2.77	—	—	—
澳门	30.00	—	0.09	—	—	—	—	—	—	—	0.09	—	—	—

注：①台湾省数据来源于《台湾地区第四次森林资源调查统计资料（2013年）》；
②香港特别行政区数据来源于《中国统计年鉴（2018）》；
③澳门特别行政区数据来源于《澳门统计年鉴（2011）》。

附表3 全国各省（自治区、直辖市）草原资源主要指标排序

统计单位	草原综合植被盖度		草地面积		鲜草总产量		干草总产量	
	%	排序	万公顷	排序	万吨	排序	万吨	排序
全国	50.32	—	26453.01	—	59542.87	—	19195.91	—
北京	78.73	12	1.45	30	16.20	30	5.15	28
天津	67.51	22	1.50	29	16.22	29	4.99	29
河北	73.50	18	194.73	10	1011.17	8	331.76	8
山西	73.33	19	310.51	7	1096.92	7	340.04	7
内蒙古	45.07	30	5417.19	2	12775.84	1	4277.97	1
辽宁	67.44	23	48.72	14	247.08	14	78.25	15
吉林	72.10	21	67.47	13	315.03	13	95.74	13
黑龙江	72.49	20	118.57	12	958.58	9	286.46	10
上海	88.12	2	1.32	31	10.77	31	3.54	31
江苏	76.37	15	9.36	21	72.47	24	23.83	23
浙江	74.46	17	6.35	25	54.86	25	18.32	25
安徽	77.47	14	4.79	26	37.09	26	12.10	26
福建	77.55	13	7.49	24	85.89	21	31.25	21
江西	80.53	9	8.87	23	81.52	22	25.67	22
山东	74.73	16	23.52	18	145.60	19	46.00	19

（续）

统计单位	草原综合植被盖度		草地面积		鲜草总产量		干草总产量	
	%	排序	万公顷	排序	万吨	排序	万吨	排序
河南	64.32	24	25.70	16	161.92	18	53.25	18
湖北	82.50	7	8.94	22	72.55	23	23.77	24
湖南	86.30	4	14.05	20	126.02	20	40.88	20
广东	79.30	10	23.85	17	202.24	16	66.46	16
广西	82.82	6	27.62	15	242.54	15	79.25	14
海南	87.02	3	1.71	28	17.44	27	5.70	27
重庆	84.20	5	2.36	27	16.35	28	4.81	30
四川	82.30	8	968.78	6	7032.92	4	2147.75	4
贵州	88.44	1	18.83	19	167.21	17	53.85	17
云南	79.10	11	132.29	11	803.11	11	254.36	11
西藏	48.02	29	8006.51	1	11166.53	3	3613.05	2
陕西	57.20	26	221.03	8	906.67	10	299.66	9
甘肃	53.03	27	1430.71	5	3451.46	6	1167.55	6
青海	57.80	25	3947.09	4	11352.66	2	3610.15	3
宁夏	52.65	28	203.10	9	342.66	12	122.85	12
新疆	41.60	31	5198.60	3	6555.35	5	2071.50	5

附录2　附图

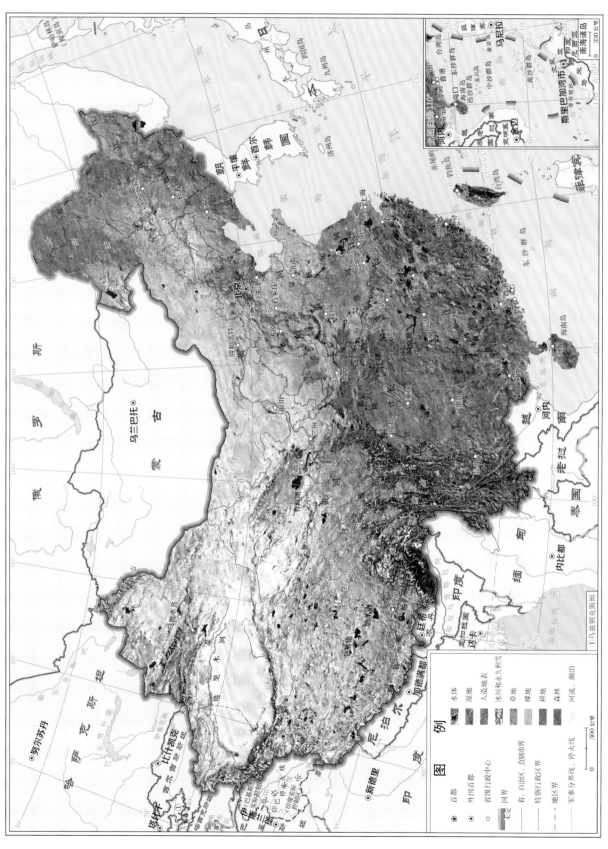

附图1 中国遥感影像

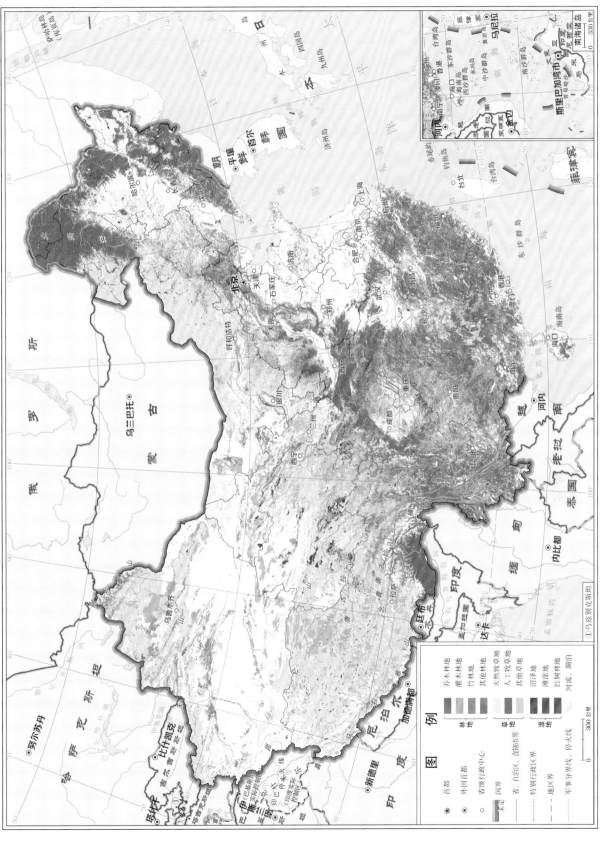

附图2 中国林草资源分布

图　例

⊛ 首都
◎ 外国首都
◎ 省级行政中心

——	国界
——	省、自治区、直辖市界
——	特别行政区界
——	地区界
——	军事分界线、停火线

未定

林地　乔木林地
　　　灌木林地
　　　竹林地
　　　其他林地
草地　天然牧草地
　　　人工牧草地
　　　其他草地
湿地　沼泽地
　　　滩涂地
　　　红树林地
　　　河流、湖泊

0　　　300公里

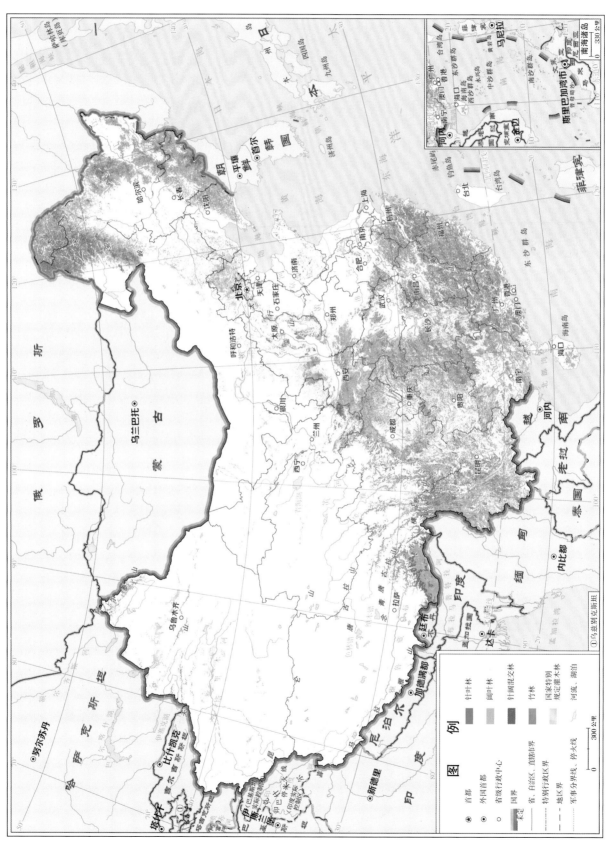

附图3　中国森林分布

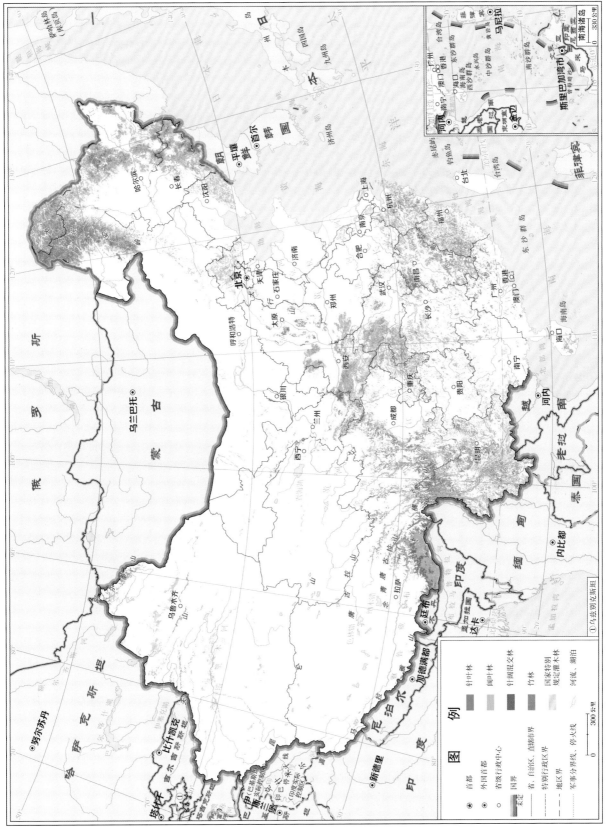

附图4　中国天然林分布

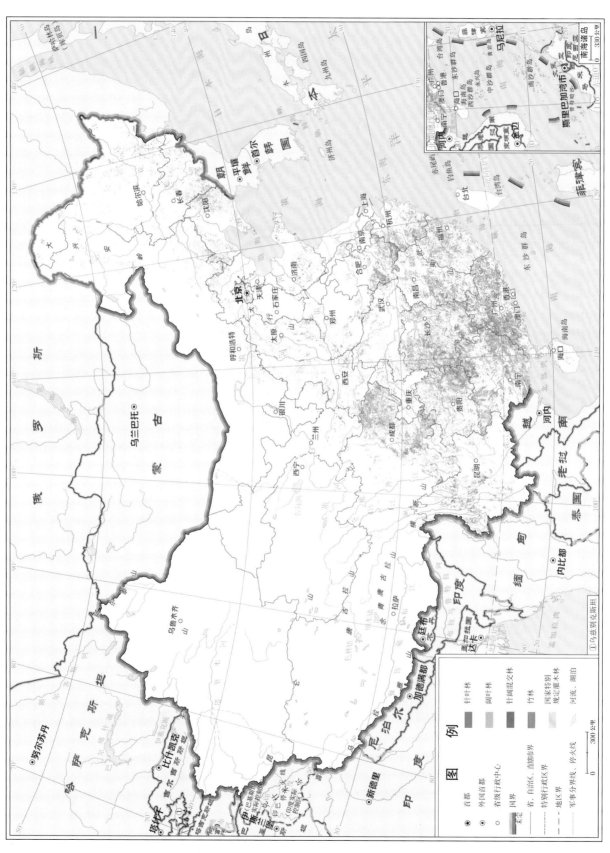

附图5　中国人工林分布

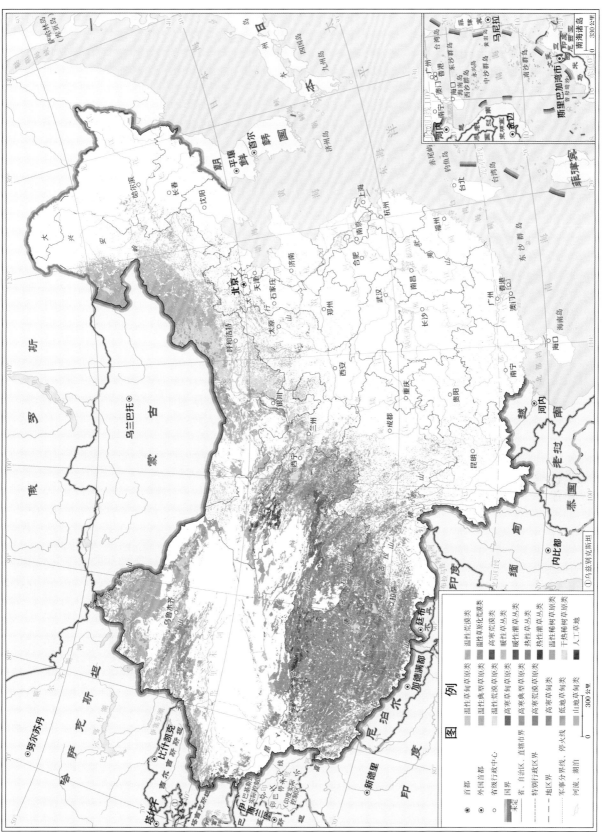

附图6　中国草原分布

附录3 术语和定义

1. **林地**: 指县级以上人民政府规划确定的用于发展林业的土地。包括郁闭度0.20以上的乔木林地以及竹林地、灌木林地、疏林地、采伐迹地、火烧迹地、未成林造林地、苗圃地等。本次监测的林地，直接采用第三次全国国土调查的林地范围，包括乔木林地、竹林地、灌木林地和其他林地。

2. **草地**: 指以生长草本植物为主的土地，不包括沼泽草地。本次监测的草地，直接采用第三次全国国土调查的草地范围，包括天然牧草地、人工牧草地和其他草地。

3. **湿地**: 指具有显著生态功能的自然或者人工的、常年或者季节性积水地带、水域，包括低潮时水深不超过6米的海域，但是水田以及用于养殖的人工水域和滩涂除外。依据《湿地保护法》，湿地包括森林沼泽、灌丛沼泽、沼泽草地、其他沼泽地、沿海滩涂、内陆滩涂、红树林地、河流水面、湖泊水面、水库水面、坑塘水面、沟渠以及浅海水域等。

4. **森林面积**: 指乔木林、竹林和国家特别规定的灌木林面积之和。①乔木林包括林地范围内的乔木林；园地范围内的木本油料、工业原料、干果等经济用途的乔木林；森林沼泽范围内的乔木林；建设用地范围内的乔木林。②竹林包括林地范围内的竹林；建设用地范围内的竹林。③国家特别规定的灌木林包括林地范围内，分布在年均降水量400毫米以下的干旱（含极干旱、干旱、半干旱）地区，专为防护用途，且覆盖度大于40%，平均高度0.5米以上的灌木林地；林地和园地范围内的木本油料、工业原料、干果等经济用途的灌木林；红树林地。

5. **森林覆盖率**: 指一定区域内森林面积占国土面积的百分比。

6. **林草覆盖面积**: 指林木覆盖面积与草原综合植被盖度大于20%的草原面积之和。林木覆盖面积指林地范围内的乔木林、竹林和灌木林面积，园地范围内的乔木林、竹林、木本油料和干果经济灌木林面积，以及林地和园地范围外的乔木林、竹林、红树林面积。

7. **林草覆盖率**：指林草覆盖面积占国土面积的百分比。

8. **活立木蓄积量**：指一定区域内土地上全部树木蓄积量的总量，包括乔木林蓄积量、疏林蓄积量、散生木蓄积量和四旁树蓄积量。

9. **森林蓄积量**：指一定区域内乔木林地上林木蓄积量的总量。

10. **草原综合植被盖度**：指宏观尺度上草原植物垂直投影面积占该区域草原面积的百分比，反映草原植被的疏密程度。

11. **自然保护地**：指各级政府依法划定，对重要的自然生态系统、自然遗迹、自然景观及其所承载的自然资源、生态功能和文化价值实施长期保护的陆域或海域。按照自然生态系统原真性、整体性、系统性及其内在规律，依据管理目标与效能并借鉴国际经验，将自然保护地按生态价值和保护强度高低依次分为国家公园、自然保护区、自然公园三类。

12. **地表水水质分类标准**：依据《地表水环境质量标准（GB 3838-2002）》，地表水水质按24项基本指标的不同标准值划分为五类。其中，Ⅰ类水质主要适用于源头水、国家自然保护区；Ⅱ类水质主要适用于集中式生活饮用水地表水源地一级保护区、珍稀水生生物栖息地、鱼虾类产卵场、仔稚幼鱼的索饵场等；Ⅲ类水质主要适用于集中式生活饮用水地表水源地二级保护区、鱼虾类越冬场、洄游通道、水产养殖区等渔业水域及游泳区；Ⅳ类水质主要适用于一般工业用水区及人体非直接接触的娱乐用水区；Ⅴ类水质主要适用于农业用水区及一般景观要求水域。

13. **国际重要湿地**：指符合"国际重要湿地公约"评估标准，由缔约国提出加入申请，由国际重要湿地公约秘书处批准后列入《国际重要湿地名录》的湿地。截至目前，我国列入《湿地公约》国际重要湿地名录的湿地有64处，其中香港1处。本次监测范围为63处国际重要湿地（不包括香港米埔内后海湾国际重要湿地）。

14. **林草湿生态空间**：生态空间是指具有自然属性、以提供生态服务或生态产品为主体功能的国土空间。森林生态系统、草原生态系统、湿地生态系统构成林草湿生态空间，包括林地、草地、湿地涉及的生态空间范围。